JN221127

しんせつなPython

とおやま ただし
とおやま つよし 著

プログラミング超初心者が初心者になるための本

秀和システム

はじめに

この書籍を手にとって頂いてありがとうございます。

本書は、コンピュータは普通に使うけど、プログラミングなんてまったくしたことがないし、できる自信がない、といったかたを対象に書きました。

具体的には、Microsoft Wordとか、Microsoft Excelを使って書類の編集をしたり、ブラウザでインターネットを見たり、FacebookとかLINEで情報交換をするといった、ごく普通のかたを想定しています。本書を手に取っていただいたほとんどのかたが読者になっていただけます。

「人工知能」という言葉をご存知でしょうか。

「AI」とアルファベットで表現されることもあります。2015年頃から、人工知能ブームなどで「Pyton」によるプログラミングがにわかに注目されるようになりました。

Pytonは近年もっとも注目されているプログラミング言語の一つで、日本で注目され始めたのは最近です。Googleが創業してから社内で主たる開発言語として使っていたように、アメリカを中心とした海外では非常に人気がある言語です。Python は数多くある言語の中でも指折りのシンプルさと拡張性の高さを備えた言語で、「何か一つプログラミングを勉強したい」という方には自信を持って推薦できる言語です。

現在、プログラミングを始める人にとって本当に優しいプログラミングの本は非常に少ないと思います。

世の中の入門書は、最初の三分の一を過ぎると急に難しくなってしまい、中盤からは理解できないお話しが次々と登場するようになる本が多いように思います。つまるところ最後まで読み終える前に、学習そのものが嫌になってしまうというパターンが多いように思います。私自身がそうでした。プログラミングを書籍で勉強しようとして何度も挫折した経緯があります。

また、マウスを使って図形のようなものを組み合わせて学ぶスタイルもありますが、操作をすることに専念してしまい、プログラミングの思考体系を身につけることは難しいと思います。やはり、プログラミングを学ぶにはプログラミング言語に触れるのが一番だと考えます。

本書では、Python言語を使ってプログラミングを学ぶ本ですが、学ぶための前提知識は一切必要ありません。

つまずくポイントを徹底的に排除したわかりやすい解説を目指しています。従来の書籍に見られる「こうなっているから覚えておきましょう」的な解説ではなく、読み進めていくうちに知識が自然に、無理なく吸収できるように学べるように努力しました。そのため、重要な概念は形を変えてしつこく何度も登場します。すぐには理解しにくい概念は、自然な形で徐々に全体像が見えてくるような工夫をしています。

「プログラミングをしてみたい」という読者のかたの純粋で大切な好奇心の芽が絶対に折れることのないように、第一歩がしっかりと踏み出せるように手助けをしたい、という思いで書き上げました。

本書は入門書ではありますが、書かれている知識が十分に身につけば 相当複雑なこともできるようになりますし、世の中に出回っているプログラミングに関する情報の多くを消化・吸収できるようになると思います。

ぜひ、本書を通じてワクワクするプログラミングの世界を楽しんでください。

梅雨が長引いている　金沢と東京にて
とおやま　ただし
とおやな　つよし

本書の特徴

- プログラミングがはじめての人でも前提の知識なしで読むことができます
- まずはプログラミングをしてみて、そのあと解説を入れる形式にしています
- 従来は解説の後、実際にプログラミングをしていたが、本書ではまず入力と結果を体感して、疑問をもってもらってから、解説をする形にしています

序章　しんせつなPython

本書の読みかた

本書は1ページ目から順番に読み進めていくことで、Pythonによるプログラミングの基本が見えるように工夫されています。少し慣れているかたは途中から読んでも構いませんが、最初から読み進めていただくのがオススメです。

一般的な書籍のように「まずはこの項目を完璧に終えてから、次の段階にいきましょう」みたいなことはせずに、各項目をゆる～く覚えたり、試したりしつつ、次のステップにいって、その中ですでに覚えたことをレベルアップしていくという方針をとっています。そのほうが知識のネットワークが育ちやすいと考えていますし、学習しているほうも飽きません。

本書に書いてあるコード（人が読めるように書かれたプログラム）はとてもシンプルです。読むだけでも理解しやすい様に作ってありますが、より理解を深めるため、そして何よりプログラミングの楽しさを味わうために、可能な限りご自身で入力し、実践してみてください。そのときに数字を変化させるなどして自分なりにアレンジをすると、より楽しめると思います。

コラム プログラミングって何ができるの？

本書を手にとって頂いたかたの中には、「プログラミングって話題になっているけど、実際できるとなにがいいの？」という疑問を持たれているかたもいるかと思います。

それに対する答えは色々と考えられますが、パソコンができる単純作業はほとんどプログラミングで代用できると考えていただいて結構です。たとえば、「ファイルの名前を一括で変更する」とか、「勤務表を作るために特定の組み合わせを考える」などです。最近流行っているIoT（Intenet of Things）であれば、「雨が降っていない日に、定期的に庭の木に水をやって、終わったらメールで報告してもらう」とかいうこともできます。もちろん手作業でも行うことができるものばかりですし、特定のソフトウェアを使うことで同様のことができる場合もあります。しかし、プログラミングを使うことで自分の自由な道具を作ることができます。

コラム なぜPythonといえばニシキヘビなのか？

Pythonというのは英語で「ニシキヘビ」を意味しており、Pythonのアイコンにはニシキヘビが使われています。しかし、Pythonの名前の由来はイギリスのコメディーグループのモンティパイソンです。モンティパイソンは日本でいえば、昭和時代に大流行したテレビ番組「ドリフ大爆笑」のドリフターズのようなグループです。Pythonという言語を作り出した、Guido van Rossum（グイド・ヴァン・ロッサム）がこのグループのことが好きすぎてPythonという名前を付けました。なんともユニークな名前の由来だと思います。

Contents しんせつなPython

もくじ

第3章
数値型と文字列

第4章
リストとディクショナリ（辞書）

第5章
変数を使おう

第8章
printを覚えよう

第9章
繰り返し処理を覚えよう

第10章

ifによる条件分岐

第11章

ライブラリのimportでPythonを強化する

第12章

Python環境を構築しよう

第15章

しりとりプログラムを作ろう

第16章
クラスの初歩を学ぶ

第1章
Pythonの実行環境を作る

1-1 しんせつなPython

ブラウザでプログラミングを始めよう

はじめてプログラミングを勉強するときに、まず何から手をつけたら良いか分からないかたがほとんどだと思います。そもそも、普段使っているアプリのようにインストールするものなのか、それとも特別な方法で作業環境を作る必要があるかも分からないのが普通でしょう。

ここではPythonの環境について説明します。Mac（macOS）の場合、Pythonの実行環境は工場出荷当時からインストールされています。そのため、Macでは何もしなくてもはじめからPythonのプログラミングを開始することができます。一方でWindowsでは、Pythonの環境はご自身で構築する必要があり、単純なアプリケーションのインストールより手間がかかります。

プログラミング環境の構築も大切なプログラミングの勉強の一つなのですが、この環境の構築の時点で疲れてしまうことが多々あります。最悪の場合、ここでつまずいたためにプログラミングの勉強をあきらめてしまう事もあるかもしれません。

そのため、本書ではまずWebブラウザ（インターネットエクスプローラー、Safari、Google Chrome、Firefoxなど）で手っ取り早く実行環境を作ることにします。インターネットのニュースサイトを見るような感覚でWebサイトを開けば、すでにプログラミングの環境が整っている感じです。

Webブラウザでプログラミングが学習できるサイトはいくつかありますが、本書ではその中の一つであるCodingGroundを使用することにします。

CodingGround
http://www.tutorialspoint.com/codingground.htm

左記のURLをWebブラウザのアドレスバーに入力するか、GoogleなどでCoding Groundと検索して、サイトへ接続してください。

サイトに接続すると、このような画面が表示されると思います。

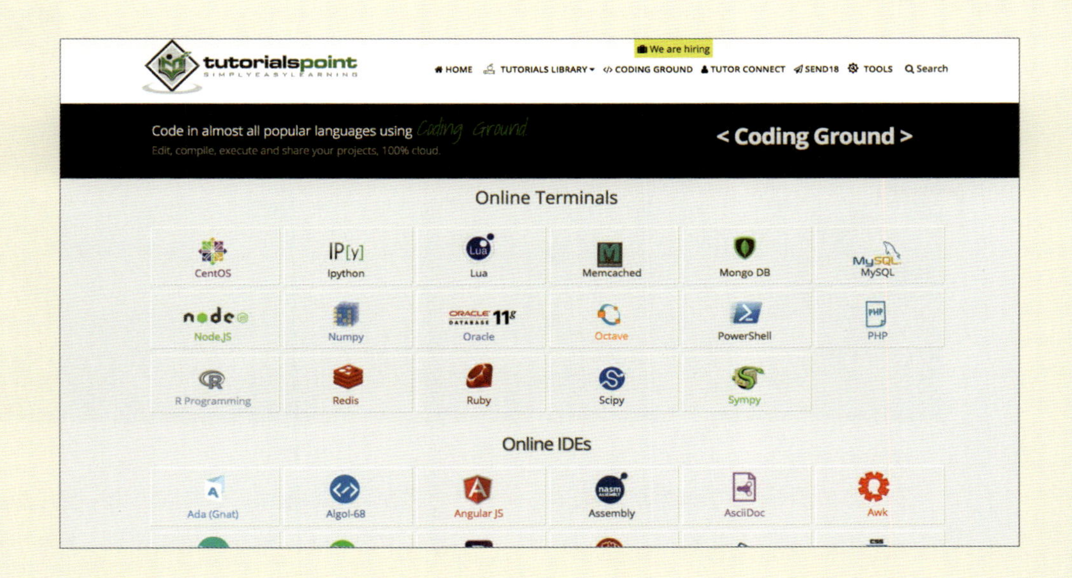

Online IDEsというのがABC順に並んでいて、下の方にPythonのアイコンがあります。

Pythonのアイコンをクリックしてください。「Python-3」と名前の付いたアイコンもそのすぐ右隣にありますが、本書ではバージョン2.7に準拠しますので、通常のPythonとしましょう。

クリックすると下のような画面が開きます。

下の方に深緑色の画面があり、sh-4.3$と書かれています。その横にカーソルが点滅していますので、pythonと入力して、キーボードのEnterキー（returnキーと書かれていることもあります）を押します。すると、次のような表示が続きます。

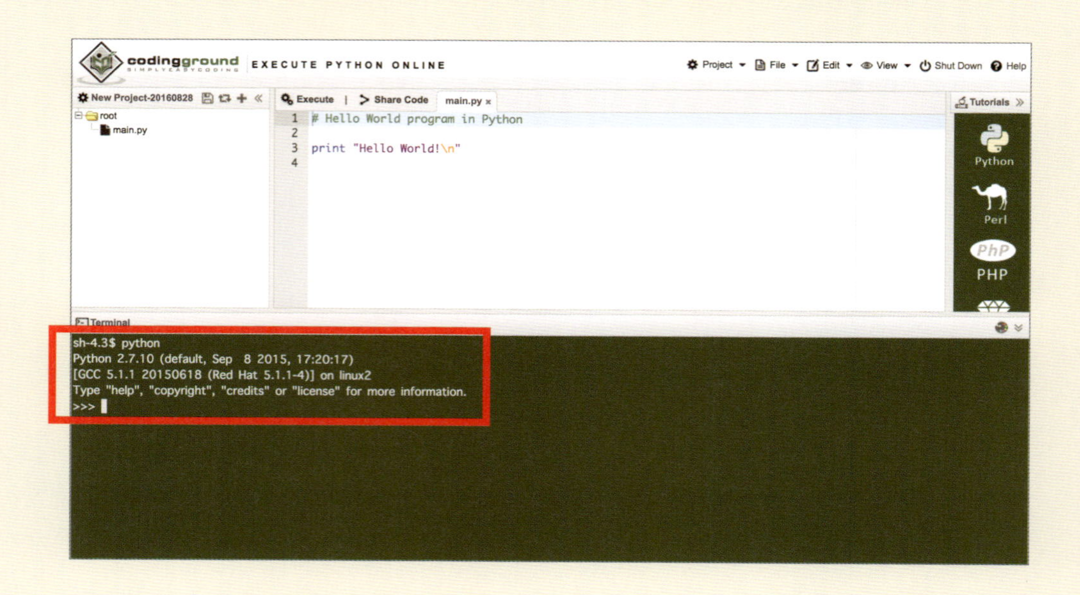

これでPythonが起動しました。画面のいちばん上に`Python 2.7.10`と書いてあるので、Python 2.7が開かれている事がわかります。

そのあとに色々とよく分からないことが書かれていて、最後に`>>>`と表示されています。これは「ここにコード（プログラム）を書いてください」という印です。四角いマークがその横に点滅していて、キーボードを押すと文字はそこに入力されます。この`>>>`からはじまる状態は、対話モードといいます。ユーザーが入力したものに対して、Pythonがすぐに反応してくれるモードになります。

次の章から、この深緑色の画面を使って、色々試してみましょう。蛇足ですが、Coding Groundはパソコンだけでなく、スマートフォンやタブレットでも見ることができます。パソコンが手もとになくても、いつでもPythonを学習できますね。

第2章
とりあえず何かしてみよう

2-1 しんせつなPython

数字を入力してみる

では深緑色の画面に文字を入力してみましょう（本書では便宜上、黒い画面として示します）。まずキーボードからに数字の1を入力して、Enterキーを押してください。次のように表示されます。

```
>>> 1
1
>>>
```

おめでとうございます。初めてのプログラミングを行いました。

え？「こんな数字を入力したくらいでプログラミングと言えるのか」と思いましたか？

大丈夫です。これは立派なプログラミングです。

まず>>>と表示されている横に1を入力しました。これでPythonに数字としての1を送っています。それに対してPythonは「お、数字の1が来たな。これだけ送られてくるということは、数字を表示して欲しいということだろうから、表示しておこう」と認識して、1を表示してくれているのです。

「このコンピュータにある命令を送って、それに対して何らかのレスポンスがある」というのがプログラミングです。

さらにそのあとを見てもらうと、>>>が再び表示されています。このマーク（一次プロンプトといいますが、名前はどうでもよいです）が出ているときは、Python側が「コードを受け付けますよ」という受付状態であることを意味しています。上の例では最初の>>>のあとにプログラムを伝えて、Pythonがそれを実行し終わり、もう一度受付状態となったので再び>>>が表示されたということです。

今回は短いコードを入力しただけなので、すぐに>>>が表示されましたが、長いコードを実行しているときは>>>が出てくるまでに結構時間がかかることもあります。

2-2 しんせつなPython

電卓として使ってみる

数字の1を表示したところであまり面白くないのが人情というものですから、もう少し複雑なことをしてみましょう。当然ながらコンピュータというのは高機能な電卓としての機能をもつので、少し複雑な計算も難なくこなしてくれます。

それでは試しに、足し算をやってみましょう。

```
>>> 1 + 2 + 3 + 4 + 5
15
```

我々の頭を使って計算してみると、1から5まで足せば確かに15になることがわかります。もう少し複雑な計算をやってみましょう。たとえば、1年間の秒数を計算してみます。1年間は365日あって、1日が24時間、1時間が60分、1分が60秒ですから次のような計算になります。

```
>>> 365*24*60*60
31536000
```

1年は31536000秒からなることが分かりました。3千万秒くらいだそうです。

今、行った簡単な練習を振り返ってみると、当然のように+とか*の記号を足し算や掛け算として使っています。実はこれらはすべてPythonによって事前に働きが決められているので、私たちが意図したとおりの結果が出ているのです。今は「+とかの動きは事前に決められているんだ」くらいに考えておいてください。

練習問題

(1 + 2) * 3と1 + 2 * 3を実行して違いを比較してみましょう。

練習問題

Pythonのルールに従わない計算は、エラーが出てしまいます。
以下のプログラムを実行して、なぜエラーになるか考えてみましょう。

```
>>> 8 x 2
>>> 5 - 2 =
>>> (5 / 2))
>>> 5/0
```

文字を表示してみる

数字ばかりを表示してもつまらないですから、いよいよ文字を表示してみましょう。文字は次のように表示します。

```
>>> "Hello"
'Hello'
```

"（ダブルクォーテーション）で文字を囲むと、Pythonがそれを文字と認識して表示してくれます。"は、日常ではあまり使わないので入力したことがないかもしれませんね。"は、Shiftキーを押しながらキーボードの左上の方にある数字の2（キーボードの右側にあるテンキーの数字ではだめです）を押すと表示されます。

ちなみに'（シングルクォーテーション）でも同様な結果が表示されます。'は、Shiftキーを押しながら、数字の7を押していただければ表示されます。記号を入力する方法については、巻末の付録を参照してください。

```
>>> 'Hello again'
'Hello again'
```

「じゃあ、クォーテーションとやらで囲まないとどうなるんだ」と気になると思います。やってみましょう。

```
>>> Hello
Traceback (most recent call last):
  File "<stdin>", line 1, in <module>
NameError: name 'Hello' is not defined
```

なんだかエラーが出てきたようです。`Traceback (most recent call last)`はパソコンに送った処理が正しくされなかった場合に表示されるエラーです。今のところは、エラーの細かい理解は不要です。

エラーが出ることを「怒られる」ととらえる方もいるのですが、プログラミングのエラー情報は非常に良く考えられており、間違いを親切に教えてくれます。Pythonというプログラミング言語と、その生みの親であるGuidoらが、あなたがどういう間違いをするだろうかということを想像して、親切なメッセージを残してくれているのです。「なんでエラーになるんだ」と怒らずに、ありがたくメッセージをいただきましょう。

ここで重要なことは、普通にワープロで文章を書くようにクォーテーションで囲まずに文字を入力したのではPythonが認識してくれないということです。何が悪かったのでしょう？

その詳細は本書を読み進めていくと分かります。いま私たちが分かることは、「文字っぽいものは`"`で囲まないとエラーになる」ということでしょう。

練習問題

数字もダブルクォーテーション(")で囲めば、文字列のように表示されることを確認しましょう。`100`と`"100"`を入力して比較してみてください。

2-4 しんせつなPython

文字と数字を組み合わせる

さて、ここまでで得た知識というのは「数字はそのまま入力してOK」、「文字はダブルクォーテーションで囲む」、「足し算とか掛け算は普段使っているのが使えるらしい」、「Pythonのルールから外れると怒られる」というくらいです。

では、いまのところ我々が持っている、この数少ない知識を使って少し遊びましょう。文字を何個も表示するのに掛け算の記号が使えないか試してみます。

```
>>> "Hello"*5
'HelloHelloHelloHelloHello'
```

なんと、文字と掛け算を組み合わせると、掛けた分だけ表示されるようです。スペースが入っていないために不格好になりましたので、`"Hello "`と空白を入れてみましょう。

```
>>> "Hello "*5
'Hello Hello Hello Hello Hello '
```

ちょっとよくなりましたね。

この調子に乗って、足し算の記号も使ってみましょう。

```
>>> "Nice" + "to" + "meet" + "you"
'Nicetomeetyou'
```

なんと、繋がりましたね。ここでも空白を入れないと、うまくいかないようです。もう一度全部入力するのは大変なので、キーボードの矢印キーの上（↑）を押してみてください。すると、今入力したものがもう一度、>>>の右に表示されます。その上で修正してみてください。

```
>>> "Nice " + "to " + "meet " + "you"
'Nice to meet you'
```

これで綺麗に表示されましたね。

文字に対する足し算や掛け算の記号は、我々の期待通りに動いてくれました。これは決して運が良かったわけではなくて、Pythonが数字と同じような振る舞いをするように、文字に対する記号の働きを事前に決めていたからうまくいったのです。

練習問題

"I am " + "very "*5 + "happy."と入力してみましょう。

第3章 数値型と文字列

3-1 しんせつなPython

型(カタ)って何？

先の2章で例として示した数字や文字は、+や*という記号への振る舞いや、入力したものが表示されるという点で似ていました。しかし、数字はそのまま入力して大丈夫なのに、文字は"で囲まずに文字として入力するとエラーが出たりしました。このことから、どうやらPythonからみると、この二つは違うものとして認識されているようです。

数字と文字は私たちからみると明らかに違うものですが、Pythonからみたときの違いは「型(カタ)」です。英語でいうとtype(タイプ)になります。数字は「数値型(すうちがた)」で、文字は「文字列(もじれつ)」に分類されます。Pythonには他にも幾つかの型があり、その型ごとに様々な特徴をもっています。

「型を教えて」とPythonにいうと、型を教えてくれます。

```
>>> type(123)
<type 'int'>
>>> type("abc")
<type 'str'>
```

`type(なんとか)`とすると、`なんとか`の型(タイプ)を教えてくれます。出力の`<type 'int'>`というのがその答えで、`int`というのはinteger(インテジャー、整数型)のことです。整数型は、数値型のうち小数点部分がないものになります。

その下の例だと`"abc"`は`str`という型、すなわち文字列だと教えてくれています。`str`はstring(ストリング)のことです。stringには、靴紐などの「ひも」や、「一連のもの」などの意味があります。

ひっかけ問題のようになりますが、たとえ数値であってもダブルクオーテーションで囲むと文字列になります。

```
>>> type("123")
<type 'str'>
```

文字列の「列」とは何でしょうか。今までの人生で、文字に「列」なんてつけたことはないでしょう。「そこの文字、間違っているよ」というと親切な人ですが、「そこの文字列、間違っているよ」といったら、ちょっと変な感じがしますね。普通は「そこの文、間違っているよ」というかと思います。

なぜ「列」がつくかというと、Pythonからするとたとえば「Hello」は一つの単語ではなく、H,e,l,l,oが一列に並んだものと認識されているからです。英語の文章で、空白で区切られたものを私たちは単語として認識しますが、Pythonからすると「アルファベットと空白が一列になったもの」として見えるのでしょう。

ちなみに、正確にいうと文字列はシーケンス型の一部なのですが、最初のうちは混乱するので無視してください。

123は整数型に分類されましたが、小数点がはいるとどうなるでしょうか。次の例をご覧ください。

```
>>> type(1.23)
<type 'float'>
```

どうやら小数（小数点を含む数）になると`float`と型が変わるようです。これは浮動小数点型です。

「浮動」とか、いきなり聞いたことのない難しそうな用語が出てきましたが、気にしないでください。Pythonは小数点以下があるもの（浮動小数点型）と、ないもの（整数型）を分けて認識していることが理解できれば大丈夫です。

当然ながら、他にも色々と型はあります。一般的なプログラミング書籍だと、「型の一覧」とかいって大きな表が出てきて圧倒されるところかもしれません。本書では、知らないことがいきなりたくさん出てきてみなさんのストレスになるのは避けたいので掲載はやめておきます。

練習問題

といいながら、一つだけ新しい型を調べてみましょう。`type(type)`として`type()`自身の型を確認してみてください。この結果の型について詳しく覚える必要はありません。

数値型で遊ぶ

ではせっかく数値型を覚えたので、遊んでみましょう。Pythonには数値型に対して使える色々な呪文が用意されています。

```
>>>round(1.45)
1.0
>>>round(1.56)
2.0
```

呪文roundはround（なんとか）として使うことで四捨五入することができます。英単語のroundには「四捨五入」の意味があります。1.45だと切り捨てになって、1.56だと切り上げになっていますね。何となく便利です。

次の例に移りましょう。

```
>>> abs(123)
123
>>> abs(-123)
123
```

呪文absは英語のabsoluteを省略したもので「絶対値」のことです。abs（何かの数値）で、数字の絶対値を表示してくれます。上の例だと-123を123に変換して表示してくれます。

数値型はそれほど遊ぶポイントがないので、文字列で遊んでみましょう。

3-3 しんせつなPython

文字列で遊ぶ

文字列は遊ぶポイント満載です。

```
>>> "python".upper()
'PYTHON'
```

小文字の文字列のあとに.upper()をつけることで、大文字になりました。これは結構便利です。数値型のときはround()などの呪文について、呪文(数値型)だったのに、いまは文字列.呪文()になっています。この順番は大切です。間違えてupper("python")とすると、エラーになってしまいます。

今は便宜的に「呪文」といっていますが、呪文は正式なプログラミング用語ではありません。

例として出ているround()と.upper()の2つの呪文について、呪文と数値型、呪文と文字列との位置関係が異なっていますね。これについてはあとで詳しくお話しします。いまは、「数値型や文字列を対象にした、色々な呪文があるらしい」ということだけ覚えておいてください。

当然ながら、文字列を小文字する呪文もあります。

```
>>> "PYTHON".lower()
'python'
```

.lower()を使うことで大文字を小文字に変換できました。

文字列の中に表れる特定の文字を数えることもできます。ミシシッピ（アメリカの州の名前）にはたくさんsが入っています。その数を数えてみましょう。

```
>>> "Mississippi".count("s")
4
```

文字列.count(文字)で文字列中に含まれる特定の文字を数えることができます。

文字列の長さを教えてくれる呪文もあります。

```
>>> len("Mississippi")
11
```

len()を使うことで、文字列の長さを教えてくれました。"Mississippi"は11文字です。

練習問題

.upper()や.lower()は重ねて使用することも出来ます。"PYTHON".upper().lower()を実行してみてください。

第4章 リストとディクショナリ（辞書）

リストを作ってみる

数値型と文字列について学習したところで、その他の代表的な型としてリストとディクショナリについてお話ししましょう。

数字や文字列をたくさん扱っていると、それらをまとめて処理したり、グループ分けしたりする必要が出てきます。そのときに役立つのが、リストとディクショナリです。

そこで、まずはリストを作ってみましょう。

```
>>> [1,2,3,4,5]
[1, 2, 3, 4, 5]
```

このように、角括弧（[ ]）で囲むことでリストが作れます。[や] はキーボードの右の方にあります。さて、これが本当にリストか確認してみましょう。

```
>>> type([1,2,3,4,5])
<type 'list'>
```

確かに list と表示されたので、リストのようです。

カンマで区切っていますが、カンマのあとのスペースは入れても入れなくてもかまいません。

```
>>> [1,2,3,4]
[1, 2, 3, 4]
>>> [1, 2,  3,   4]
[1, 2, 3, 4]
```

リストは、数値とか文字列とかを入れる入れ物の働きをします。上の例だと数字だけですが、文字も入れることができます。

```
>>> [1,2,"a","b"]
[1, 2, 'a', 'b']
```

入れたものは取り出せた方が良いですね。リストに入っているものは、次のように取り出すことができます。

```
>>> [1,2,"a","b"][2]
'a'
```


リストのあとに、角括弧と数字を書くことで指定した場所のものを取り出せます。我々の普通の感覚だと、左から「1, 2, 3」と指定して取り出したいところですが、Pythonでは一番左が0番目と指定されており「0, 1, 2」と取り出していきます。上の例ですと "a" は左から3つ目に位置していますので、2番目ということになり、[2] で取り出せます。

具体的には、次のように番号が割り振られます。

```
    0 1  2   3
>>>[1,2,"a","b"]
```

一番左の 1 を取り出したいときは次のようにします。

```
>>> [1,2,"a","b"][0]
1
```

リストはなかなか便利です。数字や文字を格納しておいて、必要に応じて自在に取り出せます。

下の例で示すようにリストの途中から取り出すことも可能です。

```
>>> [0,1,2,3,4,5][1:]
[1, 2, 3, 4, 5]
>>> [0,1,2,3,4,5][2:]
[2, 3, 4, 5]
>>> [0,1,2,3,4,5][3:]
[3, 4, 5]
>>> [0,1,2,3,4,5][4:]
[4, 5]
```

このようにリストのあとに［番号：］を書き足すことで、番号以降のリストの内容を取り出すことができます。

もちろん、ある番号以前のリストの内容を取り出すこともできます。

```
>>> [0,1,2,3,4,5][:1]
[0]
>>> [0,1,2,3,4,5][:2]
[0, 1]
>>> [0,1,2,3,4,5][:3]
[0, 1, 2]
>>> [0,1,2,3,4,5][:4]
[0, 1, 2, 3]
```

このようにリストのあとで、［：番号］とすることで、先頭から番号-1までのリストの内容を取り出すことができます。[:3]であれば、先頭から2番目までの内容を取り出します。

だいたい予想がつくと思いますが、この2つを組み合わせるとリストの中間の内容を取り出すことができます。

```
>>> [0,1,2,3,4,5][0:4]
[0, 1, 2, 3]
>>> [0,1,2,3,4,5][1:4]
[1, 2, 3]
>>> [0,1,2,3,4,5][2:4]
[2, 3]
```

もちろんリストの中身は数字でなくても大丈夫です。

```
>>> ["a","b","c","d","e"][2:4]
['c', 'd']
```

リストにも色々な呪文があり、たとえば文字列のときと同じように、`count()`を使えば数を数えられます。

```
>>> ["a", "b", "c", "b"].count("b")
2
```

練習問題

`["a","b","c","d","e"][-1]` や `["a","b","c","d","e"][-2]` を実行して、その結果を確認してみましょう。その上で、どのようなルールになっているか考えてみてください。

練習問題

リストの内容として、数値や文字列を紹介しましたが、リスト自身も内容とすることができます。リストを内容とするリストを作成して、その内容を取り出すところまで行ってみてください。

4-2 しんせつなPython

ディクショナリ(辞書)をつくってみる

さて次はディクショナリを作ってみましょう。Python の日本語公式サイトには「辞書」と紹介されていますが、辞書というとなんとなく英和辞典のようなものを想像するので、ここではディクショナリと英語での用語を使います。

ディクショナリを想像しやすくするために、一つの例を出します。3つの箱があって、a という箱にはボールが1個、b には2個、c には3個あるとします。そのディクショナリは次のように書けます。

```
>>> {"a":1, "b":2, "c":3}
{'a': 1, 'c': 3, 'b': 2}
```

キーボードで波括弧({)やコロン(:)を入力したことがないかもしれません。波括弧はシフトキーを押しながら括弧のボタンを押すと入力できます。コロンは括弧の近くにキーがあります。

最初にa b cの順番に書きましたが、表示された結果はa c bの順番です。ディクショナリは「どの入れ物に何が入っているか」が重要なので、その順番は関係ないのです。私がディクショナリと聞いて想像する英和辞典などはアルファベット順になっていますが、Python からすると順番よりも取り出しやすさが優先されるようです。

型を確認してみましょう。キーボードの矢印キーの上方向(↑)を押せば、直前に入力したものが表示できますので、type()で全体を囲んで確認しましょう。

```
>>> type({"a":1, "b":2, "c":3})
<type 'dict'>
```

dict と出たので、ディクショナリ（dictionary）であることが確認できました。

ディクショナリも、先ほど説明したリストとすごく似ていて、数値とか文字列を格納して自在に取り出すことができます。リストとの違いは、格納されている順番は関係ないということです。試しに b の箱に入っているボールの数を確認してみましょう。

```
>>> {"a":1, "b":2, "c":3}["b"]
2
```

取り出しかたもリストと似ていますが、指定方法が違っていますね。ここでは、箱の名前を指定することで取り出せました。この b に相当するものはキー（key）と呼ばれています。このbを鍵にして、必要なものを取り出すというイメージですね。

ディクショナリにも幾つか呪文があります。たとえば、ディクショナリに含まれるキーを確認する呪文は次の通りです。

```
>>> {"a":1, "b":2, "c":3}.keys()
['a', 'c', 'b']
```

.keys() をお尻につけることでキーの一覧を取り出すことができました。注意してみてみると角括弧で囲まれていますね。リストになっているようです。実際に確認してみましょう。

```
>>> type({"a":1, "b":2, "c":3}.keys())
<type 'list'>
```

確かにリストになっています。このように「何の型かな？」と思ったら、パッと確認できる瞬発力は大切です。少しずつプログラマーに近づいてきましたね。ちょっと嬉しくなります。

練習問題

すこし混乱しますが、ディクショナリの中身にはリストを格納することもできます。

`{"a":[1,2,3], "b":[4,5,6]}` のように、リストをディクショナリに入れてみましょう。

第5章
変数を使おう

変数は変化する数です

型の種類について色々みてきました。色々覚えてきて便利なのですが、たとえば最後のtype({"a":1,"b":2,"c":3}.keys())くらいになると、ちょっとゴチャゴチャして何に対してどうしているのか、分かりにくいです。また、文字列やリストなどを何度も入力していると、一度作ったものを再利用したいという気持ちがでてきます。

そこで「変数」の出番です。「ヘンな数」ではありません。変数には「変化する数」という意味が込められています。

変数は分かりやすくいえば「入れ物」です。文字列とかディクショナリとか色々作ったものを入れておけるものです。

変数に文字列を入れる例を示します。

```
>>> a = "aiueo"
>>>
```

たったこれだけで、変数aに"aiueo"という文字列が入りました。あっけないですね。

何となくaと"aiueo"がイコールで結んであることに数学的な違和感を覚えるかもしれません。aと"aiueo"は同じものではありませんよね。でも、プログラミングにおけるイコール(=)は、数学のそれとは全く違っており、「右においてあるものを左に入れます」という意味を持ちます。感じとしては左矢印(←)に近いです。

今私たちはaという変数を唐突に持ってきて、そこへ文字列を入れました。実は他のプログラミング言語は、変数の使い方が少しややこしくて「この変数を使いまーす！」という「宣言」が必要なことが多いです。事前に変数という入れ物を作る作業が要るわけですね。一方で、Pythonは宣言が不要な分、とてもシンプルです。

さて、本当にaに"aiueo"が入っているか確認してみましょう。

```
>>> a
'aiueo'
```

しっかりと格納されています。このaは以下に示す"aiueo"と同じ働きをしていることに注意してください。変数が代役をしてくれているおかげで、次のコードと同じ意味をもってくれています。

```
>>> "aiueo"
'aiueo'
```

当然ながら呪文も使えます。

```
>>> a.upper()
'AIUEO'
```

これは便利なものを手に入れましたね。以前にディクショナリのキーの型を表示したときにゴチャゴチャしていたので、スッキリと表してみましょう。

```
>>> b = {"a":1, "b":2, "c":3}
>>> c = b.keys()
>>> type(c)
<type 'list'>
```

bにはディクショナリを入れて、cにそのキーを入れました。最後にtype(c)と入力

5

することで、取り出したキーがリスト型であることを確認しています。先ほどの例と比べて、かなりシンプルですね。

練習問題

本書の8ページで、`>>> Hello`を実行したときにエラーが出たのは、`Hello`という変数になにも入っていなかったからです。変数`Hello`に文字列を代入することで、エラーが出ないようにしてください。

変数の上書き

変数はただの入れ物ですから、新しいものを入れると古いものが消えてしまいます。

```
>>> a = "abcd"
>>> a
'abcd'
>>> a = "efgh"
>>> a
'efgh'
```

aにabcdが入っていたのが、egfhに変わってしまいました。特に何の忠告もなく、あっさりと書き換わってしまうので、注意してください。

練習問題

Pythonでは大文字の変数と小文字の変数は区別されます。変数mojiとMojiに異なった値を入れて、結果を確認してみてください。

```
>>> moji = "abcde"
>>> Moji = "fghij"
```

数値と変数

さて、先ほど色々と遊んでいた数値と変数を組み合わせてみましょう。直径5cmと10cmの円の面積を求めます。

```
>>> hankei1 = 5
>>> hankei2 = 10
>>> pi = 3.14
>>> hankei1*hankei1*pi
78.5
>>> hankei2*hankei2*pi
314.0
```

面積が求められました。実際は数字を入れた方が楽なくらいですが、変数が書かれていることで何をしているかが良く理解できます。`pi`は、算数で習った円周率π（パイ）のことです。

練習問題

Pythonでは、数字から始まる変数はエラーになります。`2hankei`という変数を作ろうとするとエラーになることを確認してみましょう。

文字列と変数

変数を利用すると、文字列の組み合わせも楽になります。

```
>>> a = "Today is "
>>> b = "Sunday."
>>> c = "Monday."
>>> a + b
'Today is Sunday.'
>>> a + c
'Today is Monday.'
```

さて、先ほど習った呪文.upper()を使ってみましょう。

```
>>> a.upper()
'HELLO'
>>> a
'hello'
```

.upper()を使うと確かに大文字に変わります。ところが、もう一度aを表示すると小文字に戻ってしまっています。変数の表示は一時的に変えてくれますが、変数そのものは変化しないようです。では、変化したものを改めて変数に入れましょう。

```
>>> b = a.upper()
>>> b
'HELLO'
```

bにはaの大文字が保存されていることが確認できました。もちろんa.upper()を

aに保存することで、自分自身を変化させてもよいです。

```
>>> a = a.upper()
>>> a
'HELLO'
```

練習問題

a = b = "Hello"と入力すると、aとbに一度に文字列を代入できます。やってみましょう。

この章の最初の方で、変数は「変化する数」と説明しました。最初の方では変数は単純に文字列や数値を何回も入力する手間を省いてくれるものとして利用していましたが、.upper()の例では、aに代入されている変数が"hello"から"Hello"に変化しています。

このように一般的には変数に代入されている値はプログラミングの実行過程で目まぐるしく変化します。今、自分が扱っている変数に何の値が含まれているか、常に意識していくことがこれから先の学習で重要になります。

第6章
そろそろ「呪文」の正体が知りたい

6-1 しんせつなPython

オブジェクトのお尻につける呪文の正体はメソッドです

ここまで「呪文、呪文」とさんざん呪文のように唱えてきましたが、呪文の詳細についてお話ししたいと思います。

まずは`.upper()`のようなお尻につく呪文です。これは「メソッド」といいます。英語辞書の日本語訳は「方法」となりますが、Pythonではカタカナのまま「メソッド」と呼ばれます。メソッドは文字列などのお尻につくことで、対象に様々な処理を行うことができます。

さらに、ここで「オブジェクト」という用語も新たに覚えてしまいましょう。よく「オブジェクト指向プログラミング」とかいわれる、あのオブジェクトです。ここでは、数値、文字列、リスト、ディクショナリなどのすべてがオブジェクトです。いまのところは、オブジェクトの種類を「型」と考えてもらって問題ありません。

メソッドはオブジェクトの種類(型)に応じて決まっています。

```
>>> "abcd".upper()
'ABCD'
>>> 1234.upper()
  File "<stdin>", line 1
    1234.upper()
             ^
SyntaxError: invalid syntax
```

`.upper()`というメソッドは、文字列というオブジェクトにのみ、つけることができます。数値型につけて、`12345.upper()`としてもエラーが出るだけです。

⑥-② しんせつなPython

オブジェクトが括弧円に入る呪文は関数です

呪文にはもう一つの形がありました。たとえば、round()です。おさらいしてみましょう。

```
>>> round(3.14)
3.0
```

これは四捨五入する呪文でしたね。他にも文字列の長さを教えてくれる呪文もありました。

```
>>> len("aiueo")
5
```

これらの呪文は、オブジェクトのお尻にはつかずに、呪文のあとの括弧の中にオブジェクトが入っています。これを「関数」といいます。英語だとfunction（ファンクション）です。

中高生のときの数学で「関数」ということばを聞いたことがあると思います。嫌な思い出しかないと思いますが、ここではそれほど難しい話は必要ありません。

関数とは何かを入れたら何かが出てくる機械に例えることができます。日常生活でいえば、100円を入れたらジュースがでてくる機械があったり、古新聞を入れたらトイレットペーパーが出てくる機械（この場合は人かもしれませんが）があったりします。数学で習ったy = 5xという関数はxに数字をいれたら5倍になって返ってくる機械と考えられます。

上の例でいうとround()という機械（関数）に3.14というオブジェクトを放り込むと、ガッチャンガッチャンと処理が行われて3.0が吐き出されるわけです。len()という機械に"aiueo"というオブジェクトを、ぐいと押し込むと、自動的に長さを測定してくれて5と教えてくれるわけです。

⑥-③ しんせつなPython

メソッドと関数とどう違うの？

メソッドと関数ですが、まずは使われる際の形が違います。メソッドはオブジェクト.メソッド()の形で、関数は関数(オブジェクト)の形になっています。

その形をみてわかるとおり、あるメソッドが使えるかどうかはオブジェクトに依存します。一方で、関数はいろいろなオブジェクトを対象にすることができます。たとえば、len()という関数を見てみましょう。

```
>>> a = "abcde"
>>> b = ["a","b","c","d"]
>>> c = {"x":100, "y":200, "z":300}
>>> len(a)
5
>>> len(b)
4
>>> len(c)
3
```

このように、関数len()は文字列、リスト、ディクショナリのいずれの型のオブジェクトも対象にすることができます。

メソッドはオブジェクトの種類(文字列やリストなど)によって、すでに決まってしまっているので、新しく作ることは簡単ではありません。一方で関数は比較的簡単に自分で好きなものを作ることができます。頻繁に使うものはlen()のように、すでにPythonが準備をしてくれています。

練習問題

「型」をtype()で確認する方法はメソッド、関数のどちらでしょうか。

第7章
関数を作ってみよう

7-1 しんせつなPython

数を3倍にする関数を作ってみる

それでは関数を作ってみましょう。すごく簡単な例として、数字を3倍にする関数を作ってみます。

```
>>> def sanbai(kazu):
...     return kazu*3
...
>>>
```

まずdefと書き始めることで「関数の定義をするよ」とPythonに教えています。defはdefine（定義する）という意味です。ここでは関数のなまえをsanbaiにしました。安易ですが、分かりやすい名前にすることは大切です。

kazuというのは関数の括弧内に入れる値につける仮の名前です。括弧内には数値を入力する予定なので、kazuとしました。このkazuのことを引数といいます。引数はヒキスウと読みます。聞き慣れない言葉ですが、関数に「引きわたす数」ということで、この名前がついたとイメージしておいてください。関数を定義する段階ではkazuと仮に名前をつけておいて処理を決めておき、実際にはsanbai(3)とかsanbai(x)など、好きな値を入力して関数を実行することができます。

def sanbai(kazu)のあとにコロン（:）を入力し、Enterキーを押します。すると、次の行の行頭に>>>ではなく...が表示されます。これは、「（関数の定義の）入力が続いていますよ」という印になります。そこからキーボードのスペースキーを4回、カチカチカチカチと押して半角スペースを4つ入力します。この作業を「インデント」といいます。聞き慣れない英語の用語ですが、日本語で言うと「字下げ」のことです。Pythonは、インデントを行うことで「インデントされている行が関数sanbaiの中身だな」ということを認識してくれます。特別な記号を用いることなく、インデントという形で関数を認識することでコードが見やすくなります。インデントはスペース1個でも10個でも認識してくれますが、一般的には4か8のことが多いです。また、インデントの数を途中で変更すると上手く認識してくれません。インデントはタブ（TABキーで入力できます）でも代用できますが、タブキーを使ったことないかたも多いと思います。そのため本書では、スペースを用いたインデントのみに統一します。

いよいよ関数の中身です。この関数の中身は1行だけです。まずreturnですが、returnのあとにかかれたオブジェクトが関数の終了後に返されることになります。returnは、日本語でいえば「結果を返す」というような意味になります。ここではkazuを3倍した値を返すことが分かります。

関数の中身の行を書き終わったらEnterキーを押してください。再び...が表示されるので、何も入力せずにさらにEnterキーを押すと>>>が表示されて、関数の入力が終了します。

実際に動かしてみましょう。

```
>>> sanbai(3)
9
>>> sanbai(50)
150
```

すばらしいですね。ちゃんと3倍になった値を返してくれています。

変数と組み合わせることもできます。

```
>>> x = 5
>>> x = sanbai(x)
>>> x
15
```

7

はじめに`x`には`5`が入っていましたが、`x = sanbai(x)`とすることで、自らを3倍にした値を`x`に再度代入しています。その結果、`x`は最終的に`15`になりました。

練習問題

インデントの空白は2文字でも8文字でも動くことを確認しましょう。

関数で文字列を扱ってみよう

それでは関数で文字列も扱ってみましょう。名前を入力すると、自動的に挨拶をしてくれる関数です。

```
>>> def aisatsu(name):
...     return "My name is " + name + "."
...
>>>
```

対象が文字列になっただけで先ほどの関数とかなり似ている構成なので、理解しやすいかと思います。My name isのあとに、半角スペースが入っていますので注意してください。実際に動かしてみましょう。

```
>>> aisatsu("Suzuki")
'My name is Suzuki.'
```

思った通りの動きをしてくれました。

練習問題

文字列を引数に指定して、その文字列を３回繰り返して表示する関数を作成してみてください。

コラム Zen of python

ここまでで色々なことを学習してきました。一気に読み進めてきたかたは、若干頭がオーバーヒート気味かもしれませんので、お菓子でも食べて休憩してください。

ここで一つ、隠しコマンドでもみて、息抜きをしましょう。まずはコマンドを入力するところに`import this`と入力してみてください。

```
>>> import this
The Zen of Python, by Tim Peters

Beautiful is better than ugly.
Explicit is better than implicit.
Simple is better than complex.
Complex is better than complicated.
Flat is better than nested.
Sparse is better than dense.
Readability counts.
Special cases aren't special enough to break the rules.
Although practicality beats purity.
Errors should never pass silently.
Unless explicitly silenced.
In the face of ambiguity, refuse the temptation to guess.
There should be one-- and preferably only one --obvious way to do it.
Although that way may not be obvious at first unless you're Dutch.
Now is better than never.
Although never is often better than *right* now.
If the implementation is hard to explain, it's a bad idea.
If the implementation is easy to explain, it may be a good idea.
Namespaces are one honking great idea -- let's do more of those!
```

このZen of Python（Pythonの禅）と名付けられた隠しコマンドには、Pythonのポリシーが書かれています。`Explicit is better than implicit.`（暗黙よりは明白なほうがいい）など、Python設計における精神を垣間見ることができます。日本Pythonユーザー会のホームページに日本語訳が掲載されていますので、興味がある方は読んでみてください。

`import`については、本書の後半で解説する予定です。

日本Pythonユーザー会のホームページ
http://www.python.jp/Zope/Zope/articles/misc/zen

第8章

printを覚えよう

8-1 しんせつなPython

そろそろ別の場所にコードを書こう

これまで私たちはCoding Groundというサイトの下半分にあるTerminalと書かれている場所（初期設定だと深緑色の場所）を使って対話モードで使用していました。

Coding GroundのOnline IDEsにある「Python」を選択した
http://www.tutorialspoint.com/codingground.htm

最初のうちは便利なので、対話モードで入力していましたが、プログラミングというものは本来、コードを別の場所に書いたあとに、それをまとめて実行するものです。

本来コードを書く場所は、上半分にある# Hello World program in Pythonと書かれているスペースです。これは、さらに左側の小さい枠にあるmain.pyというファイルの中身を示しています。

Pythonのファイルは.pyという拡張子を持っています。Microsoft Wordが.docや.docxの拡張子をもっているのと同じです。ファイルの中身はご覧の通りテキスト（シンプルな文字だけの情報）です。

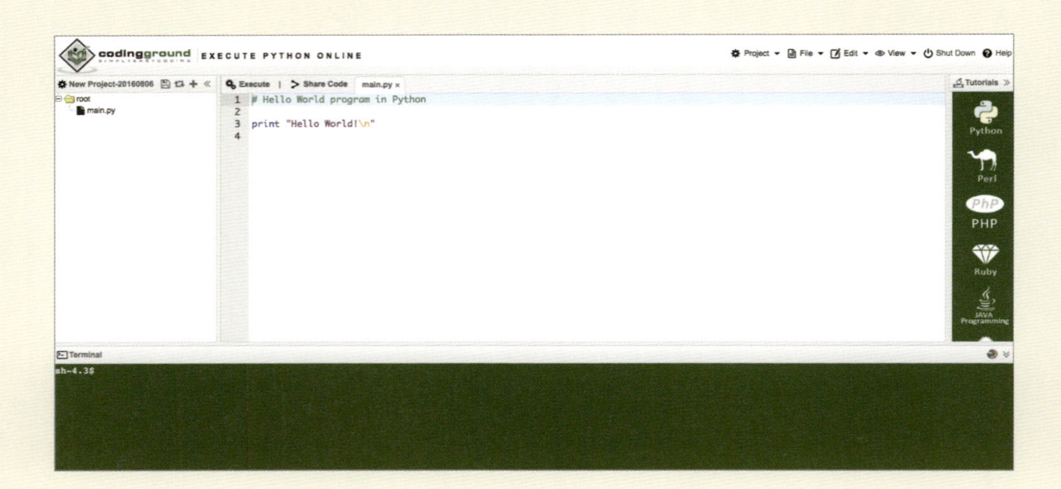

コラム Python終了のしかた

いまは画面下半分のTerminalの部分でPythonを実行している状態かと思います。main.pyは、Pythonが終了した状態から実行しないといけないので、Pythonの終了方法も覚えましょう。

```
>>> quit()
sh-4.3$
```

quit()と入力することでPythonは終了します。一番初めに出てきたsh-4.3$が再び出てきました。懐かしいですね。

さて、はじめから書かれているコードの1行目をみてみましょう。# Hello World program in Pythonというのはコメントが書かれた行です。行の始めに#記号を書くと、その行はPythonには認識されません。ないものと同じ扱いになります。そのため、そのプログラムが何を意味するかなどのメモとして、コメント行を使います。

その下に続く行を見てみましょう。

```
print "Hello World!\n"
```

私たちがまだ知らないprintや\nがありますが、とりあえず実行しましょう。# Hello...のすぐ上にあるExecuteというボタンを押すと、main.pyが実行されます。Executeには「実行する」という意味があります。

さて、いよいよExecuteを押して実行しましょう。

```
sh-4.3$ python main.py
Hello World!

sh-4.3$
```

コード内にあったHello World!が表示されました。

1行目に出てきたpython main.pyというのは、「main.pyというファイルをpythonが実行してください」という命令になります。これは、Pythonの命令文ではなく、Pythonを動かしている土台になっているシステムの命令です。

一連の動きを見ると、

(1)python main.pyでmain.pyを読み込む
(2)main.py内のコードを実行してHello World!を表示する
(3)Pythonを終了する
(4)sh-4.3$が表示されて、Pythonが起動するまえの状態になる

という流れになっています。慣れないうちは違和感がありますが、普段私たちがパソコンで行っている作業と同じです。

すなわち、

(1)ファイル(画像ファイルなど)をダブルクリックして読み込む
(2)画像を表示する
(3)ウィンドウを閉じてアプリケーションを終了する
(4)ファイルを開くまえの状態に戻る

といった作業を一気にやってくれているだけです。

さて、ここでprintというコマンドを初めて見ました。これがないとどうなるのでしょう。試しにprintの部分を削除してコードを実行してみましょう。main.pyの中身

は次のようになります。

```
# Hello World program in Python

"Hello World!\n"
```

実行結果は次の通りです。

```
sh-4.3$ python main.py
sh-4.3$
```

何も表示されなくなりました。

実は、>>>ではじまる対話モードは特殊な状態で、Pythonは"aiueo"などの入力されたものを復唱したり、関数の中のreturnで示した結果を表示してくれたりします。python main.pyでコードを実行した際には、このように気の利いた振る舞いはなくなり、私たちは明示的に「これを画面に表示してください」といわないと表示してくれません。そのときに必要になるコマンドがprintになります。

対話モードでは作業内容に集中するためにprintを省略してきましたが、printを書くこともできます。試しにやってみましょう。以下のコードは対話モードで実行しています。

```
>>> "Hello"
'Hello'
>>> print "Hello"
Hello
```

2行目の'Hello'は、「"Hello"という入力を受け付けましたよ」という復唱（確認）としての表示です。一方で4行目のHelloは、「Helloという文字を表示（print）しなさい」という命令の結果として表示されたものです。その違いとして4行目のHelloにはクォーテーションマーク（'）がありません。

改行をprintしよう

先ほどのコードの中で\nという謎の記号がありました。これは改行コードです。

実際に入力するまえに\（バックスラッシュ）の入力の仕方を覚えましょう。バックスラッシュはキーボードの「¥」が刻印されているキーを押すと入力されます。環境によっては\のかわりに¥が表示されるかもしれませんが、問題ありません。

それでは、対話モードでその振る舞いを見てみましょう。

```
>>> print "Good\nMorning"
Good
Morning
>>>
```

\nを入力した部分が、確かに改行に置き換わっています。複数書けば、複数回改行されます。

```
>>> print "Good\n\n\nMorning"
Good


Morning
>>>
```

また、printを使うと、カンマ（,）を使かって文字や数字を組み合わせて表示することができます。

```
>>> i = "Taro"
>>> j = 20
>>> print i, "is", j, "years old."
Taro is 20 years old.
>>>
```

変数`i`は文字列で`j`は数値（整数）です。`print`を使うことで複数の異なる種類のオブジェクトを並べて表示することができることがわかります。

ところで、`print`は関数でしょうか？

実は`print`は関数ではなく「文（statement）」になります。難しいことは覚えなくても良いですが、Pythonには`print "Hello"`のように「コマンド（半角スペース）」で書き始める種類の命令文があるということです。そういう目で見ると関数を定義する`def`なども文の一種であることがわかります。プログラミングは「言語」なので、似たような働きをするものをグループ分けすると、後々の頭の整理に役立ちます。

`print`には他にも色々な表現がありますが、その他のコードを学習する中で身につけていくことにしましょう。

練習問題

実はPythonには`print()`関数も入っており、使うことができます。Python 3からは、こちらが標準になります。`print("Hello")`と入力して表示を確認してみましょう。

8

コラム 日本語表示の課題

printを使っていると普段使っている日本語を表示してみたくなりますが、多くの環境でエラーになると思います。Pythonをはじめプログラミング言語は英語圏で発達したものが多く、基本的に日本語のような文字化けしやすい文字を扱うことは不得意です。

プログラミング初心者にとって、日本語を扱う上でもう一つ問題があります。それは空白です。printと次の単語の間には半角の空白を置く必要があるのですが、日本語の変換をつかっていると誤って全角の空白が入ってしまうことがあります。そうなると見た目ではなかなか見抜くことができません。

全角の空白が特殊な文字として表示されるプログラム用のフォントも世の中には存在しているくらいですから、空白問題は相当根深いようです。

慣れないうちは動くコードを書くだけで精一杯なので、空白文字までに気を配る余裕はありません。そのため、プログラムを書きはじめの頃はなるべく半角英数だけを用いた練習用コードを書いた方が良いでしょう。

日本語の表示については、本書の後半で学習します。

第9章 繰り返し処理を覚えよう

9-1 しんせつなPython

forループ

代表的なオブジェクトと関数の作り方を覚えたところで、今度は繰り返し処理について学習しましょう。

プログラミングの真骨頂は繰り返し処理です。人間なら嫌になってしまうような繰り返し作業を、パソコンは嫌な顔一つせず（あまり繰り返しをしすぎると、少しは嫌な顔をしているかもしれませんが）行ってくれます。

Pythonには幾つかの繰り返し処理が存在します。その代表がforループです。まずは、簡単なforループを作ってみましょう。対話モードで練習してみます。

```
>>> for i in [1,2,3,4,5]:
...     print i
...
1
2
3
4
5
>>>
```

まず`for`から開始することで「ループを始めますよー」ということをPythonに伝えています。次にループに使う変数を`i`と決めています。`i`は変数なので、`i`のかわりに`x`でも`hensuu`でも何でも良いです。プログラミングの世界では、ごく短期間だけ使われる変数には`i`を割り当てることが多いです。

inのあと、リストで[1,2,3,4,5]を用意しています。1から5までの数字が格納されたリストです。こう書くことで、「[1,2,3,4,5]の中に入っているオブジェクトを順番に変数iに代入してください」ということが伝わります。

関数の時と同じように、1行目の終わりにはコロンを入力して(:)、改行のあとスペース4つでインデントをする必要がありますので、注意してください。

ループの中身はprint iとだけ書かれています。その結果、このコードは次の処理をしたことと同じ結果を与えてくれています。

```
>>> print 1
1
>>> print 2
2
>>> print 3
3
>>> print 4
4
>>> print 5
5
>>>
```

ここではiを表示(print)していましたが、ループ内で変数iを絶対に使わないといけないわけではありません。iとは関係なくHelloという単語を5回表示したいだけのときもあるでしょう。その時は次のように書けます。

```
>>> for i in [1,2,3,4,5]:
...     print "Hello"
...
Hello
Hello
Hello
Hello
Hello
>>>
```

リストの中身はくり返しの回数と関係ないので、次のように書いても同じ結果になります。iには順番に、2、7、1、8、2が代入されますが、それらの値は、出力結果には使われません。

```
>>> for i in [2,7,1,8,2]:
...     print "Hello"
...
Hello
Hello
Hello
Hello
Hello
>>>
```

rangeをループに活用する

こうなってくると、意味もないリストの中身を書くのが面倒になってきますね。そこで出てくる便利な関数がrange()になります。Range（レンジ）というのは、日本語では「範囲」という意味で、range()は長いリストを簡単に作ってくれる便利な関数です。使い方を見てみましょう。

```
>>> range(5)
[0, 1, 2, 3, 4]
```

range(整数)とすることで、整数の長さのリストを作ってくれます。リストは0からスタートしてちょっと違和感がありますが、リストの一番左の値を取り出すのにリスト[0]と入力したのを思い出せば、この仕様にも納得がいきます。

これを使えばもっと簡単に、直前に紹介したforループを書くことができます。

```
>>> for i in range(5):
...     print i + 1
...
1
2
3
4
5
>>>
```

1からスタートするためにiに1を加える工夫が必要ですが、かなりシンプルになりました。Helloと100回表示するのも楽ちんです。

```
>>> for i in range(100):
...     print "Hello!"
...
Hello!
Hello!
（中略）
Hello!
>>>
```

forループを文字列に対して適用すると面白いことがおこります。

```
>>> for i in "TOKYO":
...     print i
...
'T'
'O'
'K'
'Y'
'O'
```

文字列は文字の「列」であると以前にお話ししたと思います。"TOKYO"という文字列は"T"、"O"、"K"、"Y"、"O"が繋がってできたオブジェクトということです。その文字列にforループを適用すると、文字が一つずつ取り出されて変数iに代入されていく様子がよくわかります。

練習問題

以下のコードを実行してみましょう。

```
>>> for i in {"a":1, "b":2, "c":3}:
...     print i
```

9-3 しんせつなPython

whileループ

for以外に代表的なループとしてwhileループがあります。whileループには、「ある条件を満たす間、ループを繰り返し続ける」という特徴をもちます。

説明をしても分かりにくいと思いますので、とりあえず例を見てみましょう。

```
>>> i = 1
>>> while i < 5:
... print i
... i = i + 1
...
1
2
3
4
>>>
```

まずiに1を代入しています。これはループの外です。

次にwhileが書かれていて、その右にi < 5と書かれています。不等号についてはまだ説明していませんが、なんとなく直感的に理解できると思います。はじめはiに1が入っているので1 < 5となります。これは正しいので、print i以下のコードが実行されます。

print iが実行されたあとは、i = i + 1でiに代入されているものが1から2に変わります。そのあとに再びwhileで始まる行に戻ります。while 2 < 5:において2 < 5は正しいので、再びprint以降が実行されます。

どんどん増えていって、iが5になったところでwhile 5 < 5:の5 < 5が正しくなくなります。その結果、ループを抜けるわけです。

9-4 しんせつなPython

比較演算子

whileの右側に数値どうしを不等号で比較した式が出てきました。>や<は比較演算子と呼ばれる記号です。さきほどはwhileとあわせて使いましたが、単独で実行することもできます。

```
>>> 1 < 5
True
>>> 8 < 5
False
>>>
```

1 < 5ではTrueが返ってきて、8 < 5ではFalseが返ってきました。どうやら正しい場合にはTure、間違っている場合にはFalseが返ってくるようです。

このTrueとかFalseは一体何者でしょうか。忘れかけているかもしれませんが、何者かを確認するときにはtype()関数でした。

```
>>> type(True)
<type 'bool'>
>>> type(False)
<type 'bool'>
>>>
```

どうやらTrueとかFalseはブール型（boolean）というようです。ブール型はTrueとFalseから成り立っていて、真偽（True False）で表すことができます。ちなみに、ブールというのは数学者の名前です。

別の比較演算子も覚えておきましょう。

```
>>> 5 == 5
True
>>> 6 == 5
False
>>>
```

等しいかどうか見るときは、イコールを二つ重ねます(==)。

もちろん等号と不等号を組み合わせても使えます。

```
>>> 3 >= 3
True
>>> 3 >= 2
True
>>> 3 >= 5
False
>>> 2 <= 2
True
>>> 2 <= 5
True
>>>
```

豆知識ですが、TrueとFalseは、それぞれ1と0と同じ意味を持ちます。確認してみましょう。

```
>>> 1 == True
True
>>> 0 == False
True
>>> 2 == True
False
>>>
```

練習問題

TrueとFalseが1と0の働きを持つことの確認として以下のコードを実行してください。

```
>>> True*True

>>> True*False
```

無限ループ

最初の例だと、iが1ずつ増えていったために、whileループが途中で止まってくれました。もし、i = i + 1を忘れるとどうなってしまうでしょう。

```
>>> i = 1
>>> while i < 5:
...     print i
...
1
1
1
（このあと1が無限につづく）
```

iは1から変更されませんので、while 1 < 5:の条件が常に満たされることになり、print iが永久に実行されることになります。

こうなってしまったら、Coding Groundの画面右上にあるShut Downを押して画面を閉じるしかありません（環境次第ですが、Controlキーを押しながらCを押すことで強制中断できることもあります）。

whileループはとても便利ですが、このように一歩間違うと無限ループになってしまうので注意してください。

なお、forやwhileはPython公式サイトでは「for文」、あるいは「while文」といいますが、ここでは一般的によく使われるforループ、whileループという表記をしてました。

練習問題

forループをつかって、100から110まで表示するプログラムを作ってください。次にwhileループを使って同様のプログラムを作ってください。

第10章 ifによる条件分岐

10-1 しんせつなPython

シンプルな条件分岐

プログラミングが得意とする処理には、繰り返し処理と、もう一つ条件分岐があります。実は私たちも普段から条件分岐をよく行っており、日常は「if（もし）」の条件分岐の連続です。「もし、お昼休みが1時間あるのなら外にランチを食べに行く。そうでなければ社食で済ませる」、「もし5時前に仕事が終われば、その時点ですぐに帰る。そうでなければ5時まで仕事をしてから家に帰る」といった感じです。

私の一日の条件分岐は「もし、あと30分時間があれば二度寝する。そうでなければ、しぶしぶ起きる」から始まります。

さて、Pythonによる条件分岐を見てみましょう。ここまでに関数やループを見てきた皆さんなら、最初に見ただけでわりと理解できると思います。対話モードで入力してみます。

```
>>> if 2 > 1:
...     print "Hello"
...
Hello
>>>
```

だいたい見たら分かりますね。`if`のあとに条件がでてきて、そこが正しければ`print "Hello"`が実行されます。関数やforループなどと同じように一行目の最後はコロンで終わって、2行目からは4つのスペースを入れるインデントが必要であることに注意してください。念のため、`Hello`が表示されないバージョンもやってみましょう。

```
>>> if 2 > 3:
...     print "Hello"
...
>>>
```

if 2 > 3:での判定の結果、何も表示されないで終わりましたね。

ifのあとには、先ほど説明したブール値(TrueかFalse)が入ることになります。すなわち一つ目と二つ目の例は次のように書き換えることができます。

```
>>> if True:
...     print "Hello"
...
Hello
>>> if False:
...     print "Hello"
...
>>>
```

インデントの数にも注意してください。ifの中に、先ほど覚えたばかりのforやwhileを組み込むこともできます。

```
>>> if 2 > 1:
...     for i in range(5):
...         print "Hello"
...
Hello
Hello
Hello
Hello
Hello
>>>
```

ifのあとの2 > 1がTrueなので、forループが実行され、print "Hello"が実行されることになります。print "Hello"は4 + 4の合計8文字の空白でインデントされていることに注意してください。

9章で説明したforループの中にifを組み込むことで、forループの間に様々な条件分岐を組み込むことができます。

たとえば、次に示すforループでは、i > 5のときにbreakという処理が実行されます。breakは「ループをぬける」というコマンドで、この場合はforループから抜けることで処理が終了します。

```
>>> for i in range(10):
...     print i
...     if i > 5:
...             break
...
0
1
2
3
4
5
6
```

iに6が代入された時点で、if i > 5:の条件に合致することになり、breakが実行されたことが分かります。

練習問題

ifのなかにifを組み込むことも可能です。以下のコードを実行してみましょう。

```
>>> if 2 > 1:
...     if 3 > 1:
...         print "Hello"
```

複数の条件分岐

私たちの日常は単純なYES/NOの分岐だけで分かれているわけではありません。たとえばランチを例にとれば、財布の余裕が1,000円以上なら外食で、1,000円未満で500円以上なら社員食堂（社食）、500円未満ならコンビニおにぎりとなります。この場合、ifによる条件分岐は次のようにかけます。

```
>>> money = 750
>>> if money >= 1000:
...     print "gaisyoku"
... elif money >= 500:
...     print "syashoku"
... else:
...     print "onigiri"
...
syashoku
>>>
```

このあと、上記のコードを色々変更するのですが、なんども入力するのは大変だと思います。対話モードではなく、Coding Groundの中でのmain.pyの中に（print "Hello World!\n"がはじめに入力されていた所です）記載していただければ、「修正→再実行」のサイクルが楽になります。ここからはmain.pyの中身と、実行結果を表示したいと思います。上の例を繰り返すと次のようになります。

main.pyの内容

```
money = 750
if money >= 1000:
    print "gaisyoku"
elif money >= 500:
```

```
        print "syashoku"
else:
    print "onigiri"
```

実行結果

```
sh-4.3$ python main.py
syashoku
```

main.pyの内容がCoding Groundの上半分に入力するコードで、Executeボタンを押した結果、下半分のTerminal(深緑色の部分)に表示されるのが実行結果です。今後、簡便のためにsh-4.3$ python main.pyは実行結果に含めないこともあります。

main.pyの内容を見ていただくと、まず1行目で変数moneyに750を代入しています。最初のifによる条件分岐はmoney >= 1000です。moneyは750なのでこの条件はあてはまりません。よって、次の条件の判定にうつります。

次の条件判定はelifではじまります。これはelse if(あるいは、もし〜なら)という言葉の略になります。if(もし〜なら)に当てはまらない条件の確認なので、このようなコマンドになっています。

さて、elif money >= 500:を見てみると、このmoneyは当てはまります。よって、syashoku(社食)がprintされたわけです。

さて、では最後の"onigiri"(おにぎり)に当てはまるようなmoneyの値を選んでみましょう。

main.pyの内容

```
money = 300
if money >= 1000:
    print "gaisyoku"
elif money >= 500:
```

```
    print "syashoku"
else:
    print "onigiri
```

実行結果

```
onigiri
```

money = 300（300円）では外食も社食も食べられないので、おにぎりになりました。ここではifにもelifにも当てはまらない場合、else:以下の行が実行されることになります。

もちろん、else:の部分を変更して次のようにされても、うまくprint "onigiri"の行が実行されることになります。

main.pyの内容

```
>>> money = 300
>>> if money >= 1000:
...     print "gaisyoku"
... elif money >= 500:
...     print "syashoku"
... elif money >=0:
...     print "onigiri"
...
```

実行結果

```
onigiri
```

練習問題

moneyを色々と変更して、結果を確認してみましょう。

もれなく条件を拾う

ifによる条件分岐を行うときに「もれなく条件を拾う」ということが重要になります。たとえば、このelif money >=0:による条件分岐だと、moneyがマイナス（借金がある場合など）だと、どの条件にも当てはまらなくなります。かといって、そのまえに示したelse:の例ですと、moneyがマイナスであってもonigiriが食べられる結果になります。普通、お金がないとおにぎりは買えません。

そこでもう少し修正したものを考えてみましょう。moneyがマイナスの場合には残り物（nokorimono）を食べることにします。

main.pyの内容

```
money = -300
if money >= 1000:
   print "gaisyoku"
elif money >= 500:
   print "syashoku"
elif money >=0:
   print "onigiri"
else:
   print "nokorimono"
```

実行結果

```
nokorimono
```

これで全ての条件分岐ができたことになります。

数学をまじめに勉強してきたかたなら、「2つ目の条件分岐はmoney >= 500と

money < 1000を同時に判定しないとダメだ」と考えるかもしれません。しかし、ここではすでにif money >= 1000:にあてはまらない値が判定対象になっていますので、その条件は不要です。もちろん、追加しても問題ありません。

複数の条件を組み合わせる場合は、andを使います。上の例を書き換えてみましょう。

main.pyの内容

```
money = -300
if money >= 1000:
    print "gaisyoku"
elif money >= 500 and money < 1000:
    print "syashoku"
elif money >=0 and money < 500:
    print "onigiri"
else:
    print "nokorimono"
```

実行結果

```
nokorimono
```

練習問題

5,000円以上の余裕がある場合には後輩におごりましょう。5,000円以上の場合に選ばれる、ogoriという選択肢を追加してください。

第11章 ライブラリのimportでPythonを強化する

11 - 1 しんせつなPython

ライブラリをimportしてみる

ここまでで、様々なPythonの機能をみてきました。ちょっとイジワルなかたは「色々勉強した割に、できることは昼飯を選ぶことくらいか」という感想を持たれたかも知れません。しかし、Pythonの実力はその程度ではありません。

Pythonの強みとして大きいのが、既存の膨大なライブラリを活用できるということです。いきなりライブラリと言われてもよく分からないでしょうし、昔覚えた英単語の「図書館」くらいしか思い浮かばないかも知れません。一つ例を見てみましょう。

main.pyの内容

```
import math

print math.pi
```

実行結果

```
3.14159265359
```

これはmath（数学）というライブラリの例です。import mathでmathライブラリを読み込んでいます。そのあとprint math.piを実行することで、mathライブラリに含まれるpiというオブジェクトを表示しています。piというのは小学生の時習った円周率パイ（π）です。

本書のはじめの方では自分で3.14を入力していましたが、mathライブラリを導入することで正確な値を手にすることができました。

11-2 しんせつなPython

importしたライブラリの中身を確認する

このmath.piという見慣れない形はいったい何でしょうか。そうです。困ったときのtype()関数です。

main.py の内容

```
import math

print math.pi
print type(math.pi)
```

実行結果

```
3.14159265359
<type`float`>
```

どうやら浮動小数点型のようです。ちょっと見慣れない形をしていますが、私たちがこれまで扱ってきた型と同じようです。

ライブラリにはこのように浮動小数点などの変数をはじめ、関数など様々なものが含まれています。

mathライブラリは数学に関する様々な値や関数を含んでいます。おもしろそうなので、もう一つ遊んでみましょう。

main.py の内容

```
import math

print math.ceil(3.1)
print math.ceil(3.9)
print math.ceil(4.2)
```

実行結果

```
4.0
4.0
5.0
```

math.ceil()は関数です。ceilとは天井という意味です。括弧内に含まれた値を少しずつ増やしていって整数になったときの値を返してくれます。math.ceil(3.1)であれば、3.1に少しずつ数を足していって整数になったところの4.0という値を返してくれます。

importによって、piや.ceil()以外にどのような変数が取り込まれたかは、次のようにdir()関数を使うことで確認することができます。

```
>>> import math
>>> dir(math)
['__doc__', '__file__', '__name__', '__package__', 'acos', 'acosh', 'asin',
'asinh', 'atan', 'atan2', 'atanh', 'ceil', 'copysign', 'cos', 'cosh', 'degrees',
'e', 'erf', 'erfc', 'exp', 'expm1', 'fabs', 'factorial', 'floor', 'fmod',
'frexp', 'fsum', 'gamma', 'hypot', 'isinf', 'isnan', 'ldexp', 'lgamma', 'log',
'log10', 'log1p', 'modf', 'pi', 'pow', 'radians', 'sin', 'sinh', 'sqrt', 'tan',
'tanh', 'trunc']
```

リストで表示されたものが、mathライブラリに含まれる変数です。非常に多くの変数が含まれることが分かりますね。

math.ceil()関数を使用するときに、読み込んだライブラリ名.ライブラリ内の関数()という形にする必要があり、少し扱いにくいです。ceil()だけで動くようにするには、次のようにimportします。

main.pyの内容

```
from math import ceil

print ceil(3.7)
```

実行結果

```
4.0
```

from math import ceilで、mathライブラリからceilをimportすることを伝えています。このようにしてライブラリから読み込むとceil()が直接使えるようになります。一方で、このように読み込むとmath.ceil()というコマンドは使えませんので注意してください。

mathライブラリに含まれる様々な関数などを一括して使えるようにしたい時は次のようにします。

main.pyの内容

```
from math import *

print ceil(3.7)
```

実行結果

```
4.0
```

このようにimportすることで、ceil()やpiをはじめ、ライブラリに含まれる全てのものが使えるようになります。*(アスタリスク)は掛け算のときも登場しましたが、この場合は「なんでも」という意味をもつ記号です。すなわち、「mathに含まれる変数や関数はなんでも全部」という意味をもちます。

この方法での組み込みは便利ですが、思いもよらない変数が組み込まれたり、自分が作った変数が上書きされたりすることもあるので注意してください。たとえば次のようなケースです。

main.pyの内容

```
pi = 3
print pi

from math import *
print pi
```

実行結果

```
3
3.14159265359
```

最初のpiは円周率が3となっています。ところがfrom math import *を実行するとpiが強制的に上書きされて3.14159265359と非常に長い数字になってしまいました。今は分かっているから良いですが、from ライブラリ名 import *を実行するときには、知らない間に変数が上書きされてしまうリスクをよく理解しておく必要があります。

Pythonにはmathのような標準ライブラリが数多く含まれています。mathの例を見てお分かりになったように、標準ライブラリでは特殊な変数や便利な関数などを提供してくれることによって、Pythonを自分に合わせた強力なツールへ拡張してくれます。また、外部ライブラリと呼ばれる追加のライブラリも世界中のPythonユーザーから数多く提供されており、そのほとんどが無料です。

Pythonに限らず、アプリケーションを作るときに全くのゼロの状態からコードを書き始めるということはあまりありません。多くの場合、「いままで誰かが解決してきた問題」は既存のライブラリを組み合わせることで解決し、自分たちに固有の問題に集中してコードを書きます。偶然にも自分にぴったりのライブラリを見つけることで、9割方の問題が完成してしまうこともよくあります。Pythonの場合、ライブラリが非常に充実しており、たいていの場合は自分が困っていることを解決してくれるライブラリが見つかることが特長といえます。

練習問題

Pythonのホームページには標準ライブラリがたくさん掲載されています。Python標準ライブラリにアクセスして、どのようなライブラリがあるか見てみましょう。

Python標準ライブラリ
http://docs.python.jp/2/library/

おつかれさまでした。ここまででPythonについての基本的なところはお話ししました。といっても、一回読んで身につく方は少ないと思います。かといって、基本的な練習を繰り返すのもつかれます。そこで、ここからは少し応用的な練習をしつつ、ここまで学んだことを復習して身につけていきましょう。

第12章 Python環境を構築しよう

12-1 しんせつなPython

Windowsの場合

さて、前半ではCoding Groundを使って練習しましたが、そろそろ自分のパソコンを使ってPythonを動かしましょう。

Windowsの場合は、Pythonは組み込まれていませんので、自分でインストールする必要があります。ただし、普通のアプリケーションをインストールするよりは少し複雑です。

ステップとしては大きく分けて2段階です。1段階目としてPythonをダウンロードしてインストールします。2段階目は環境変数の設定です。

それではPythonをダウンロードしましょう。Pythonは公式ホームページからダウンロードできます。インターネットブラウザから下記のURLへ移動してください。

Python.org
https://www.python.org

ページを開いたら、下の画像の矢印で示した「Downloads」をクリックします。

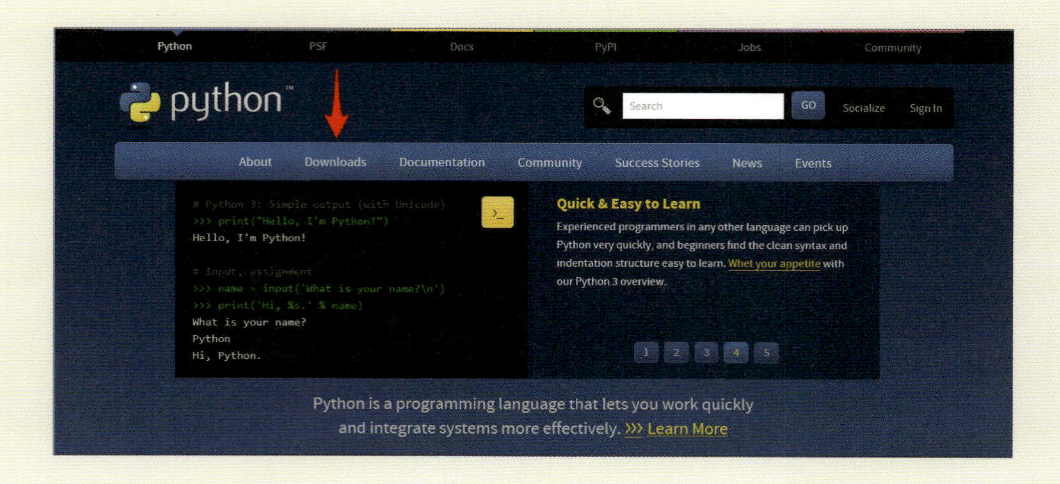

次に出てきたページで「Download Python 2.7.12」をクリックすると、ダウンロードが始まります。

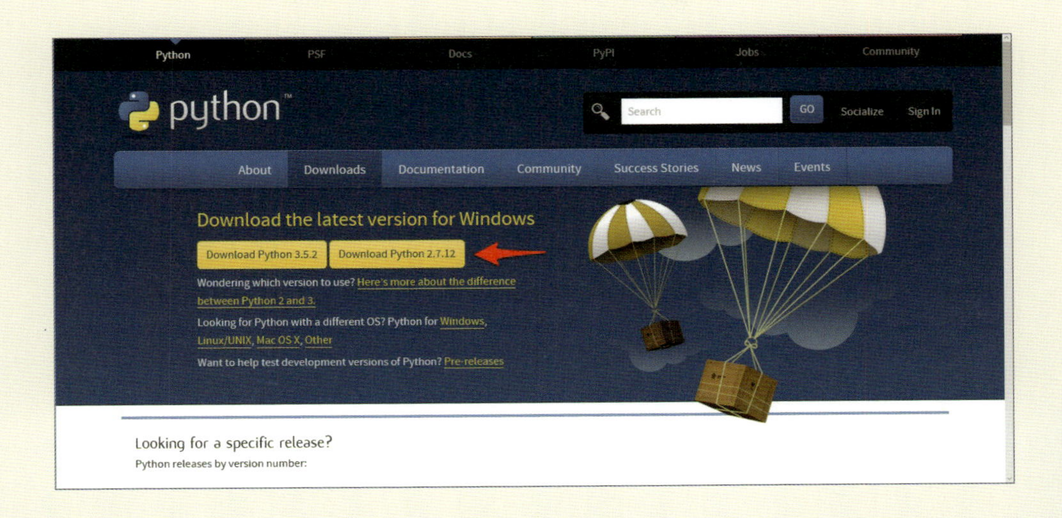

ダウンロードした`python-2.7.12.msi`からインストーラーを起動します。あとはひたすら「Next」をクリックすればインストールは終了します。

次に環境変数の設定です。Windows 10であれば「環境変数」で検索すれば「環境変数を編集」が検索結果の一番上に表示されますので、クリックしましょう。

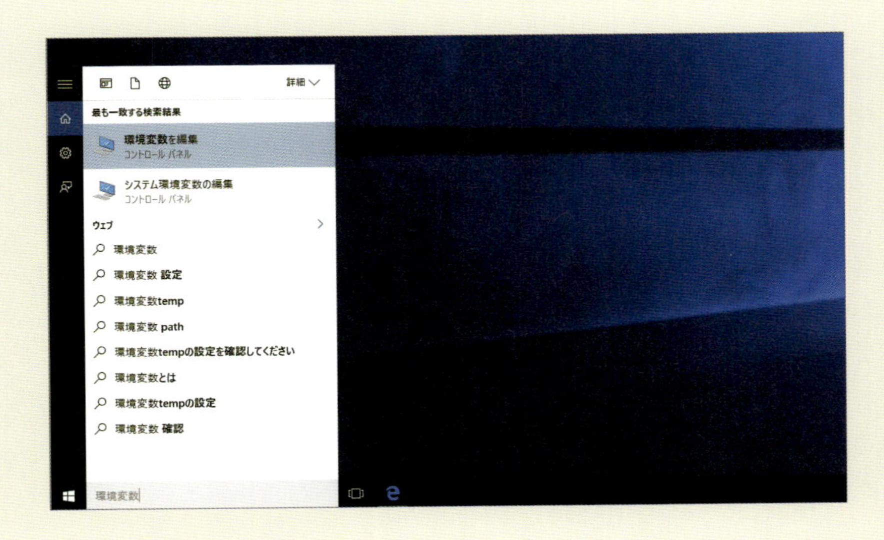

「新規」ボタンを押して、新規の環境変数を設定します。

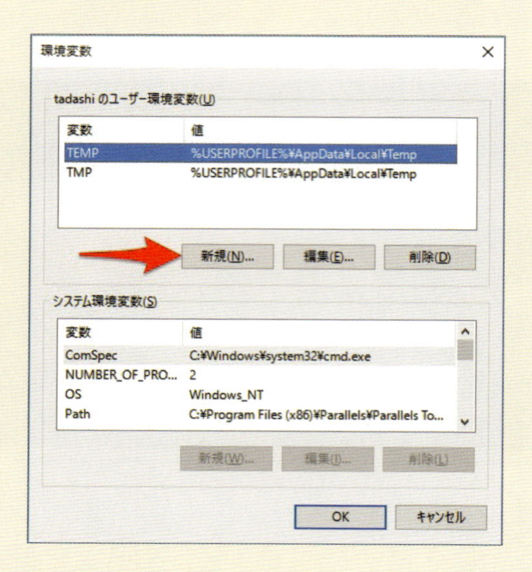

表示された画面で、下記のように入力します。変数名のところに`Path`、変数値のところに`C:¥Python27;`と入力してください。この値について深く知る必要はありません。Windowsに対して「Pythonがここにありますよ」ということを伝えているものだと思ってください。

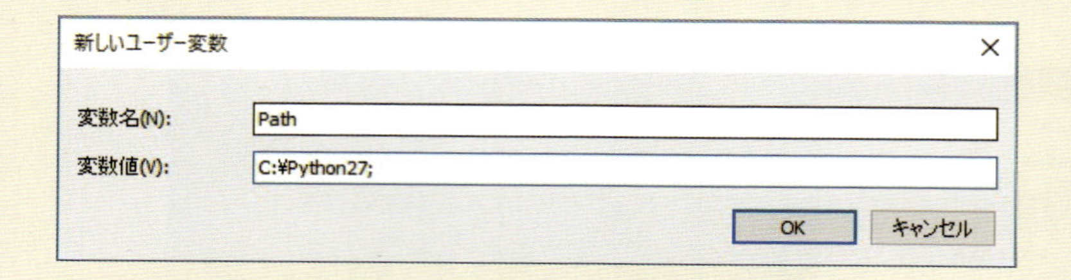

環境によってはここで再起動が必要なことがあります。環境変数の設定が終わったら、念のためWindowsの再起動をしておくとよいでしょう。

さて、いよいよPythonの起動です。再び検索画面で、「コマンドプロンプト」と入力して、コマンドプロンプトを起動してください。「アクセサリ」に入っていることもありますので、そこから起動しても結構です。

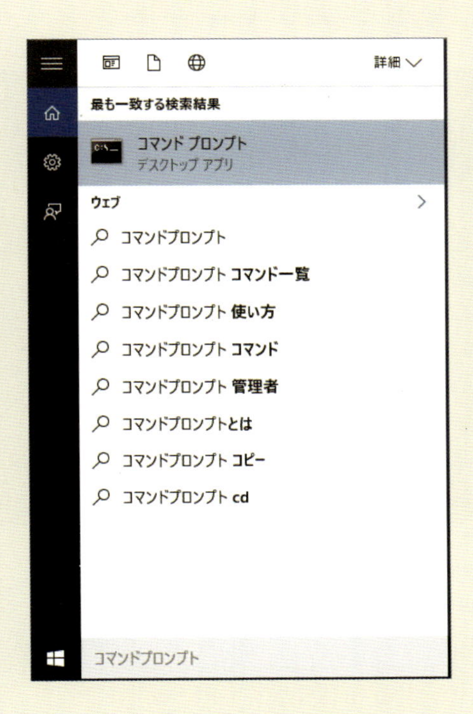

次のような黒い画面が起動したと思います。

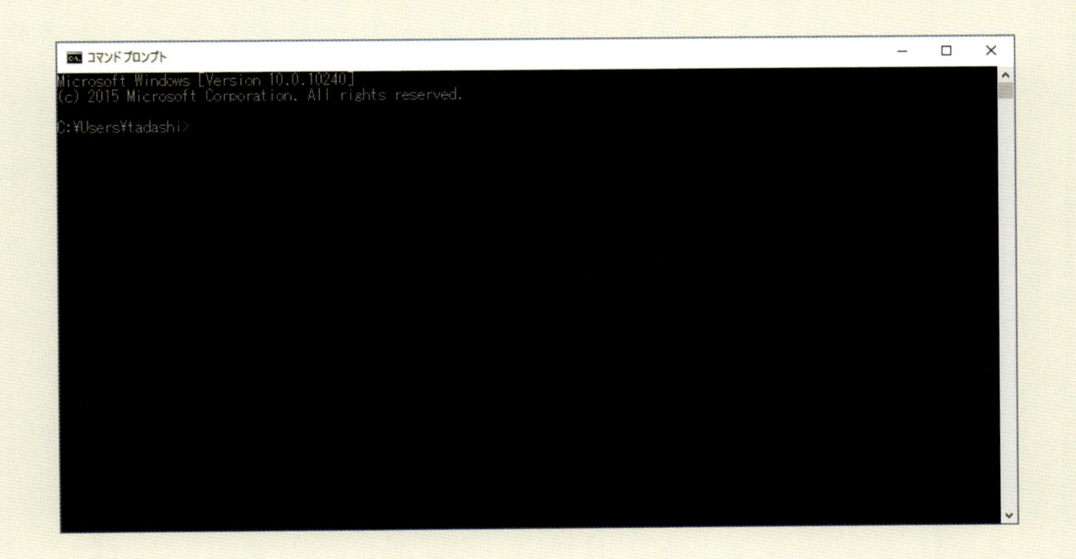

`python`と入力して、Pythonを起動しましょう。

```
Microsoft Windows [Version 10.0.10240]
(c) 2015 Microsoft Corporation. All rights reserved.

C:¥Users¥tadashi>python
Python 2.7.12 (v2.7.12:d33e0cf91556, Jun 27 2016, 15:19:22) [MSC v.1500 32 bit (Intel)] on win32
Type "help", "copyright", "credits" or "license" for more information.
>>>
```

起動しました！

このまま対話モードとして色々遊ぶことができます。ここでは一旦、`quit()`と入力して終了してください。

ある程度長いファイルになると、対話モードで何度も入力するのが大変になってきます。そのため、通常は外部に書かれたPythonのコードを実行することになります。

それでは、外部で書かれたPythonコードを実行する方法を覚えましょう。

Pythonのコードが書かれたファイルを準備します。メモ帳で結構ですので、起動したら次のように記載してください。

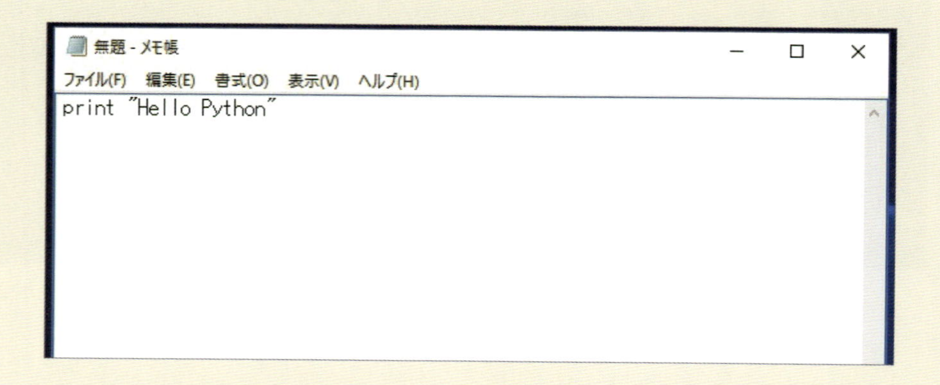

これをtest.pyという名前で保存してください。普通に保存すると拡張子は.txtになりますが、Pythonのファイルですので、拡張子を.pyとすることをお忘れなく。

以下のようにpython test.pyと入力することで、今作ったPythonファイルが実行されます。ユーザー名のところは、あなたのユーザー名が記載されているはずです。

```
C:¥Users¥ユーザー名>python test.py
```

実行しましょう。

```
C:¥Users¥ユーザー名>python test.py
python: can't open file 'test.py': [Errno 2] No such file or directory
```

うまくいきませんね。
「そんなファイルはありませんよ」というエラーメッセージが表示されてしまいました。デスクトップにファイルを置いておくと、私たちからは見えるのですが、Windowsからは存在が認識されないということになります。

じつはWindowsは（Macもですが）通常は作業ディレクトリと呼ばれる一つのディレクトリだけが主に認識されています。ディレクトリとはフォルダと同じ意味です。その場所を確認してみましょう。cdという簡単なコマンドで確認できます。

```
C:¥Users¥ユーザー名>cd
C:¥Users¥ユーザー名
```

現在の作業フォルダはC:¥Users¥ユーザー名です。>の左側に書いてある場所ですね。

WindowsにPythonのファイルを実行してもらうには2つの方法があります。

1. ファイルをファイル名だけでなくフルパスで渡す。
2. 作業ディレクトリを変更する。

まず1番目から行ってみましょう。

フルパスというと難しそうですが、簡単です。>pythonの直後、下の矢印に示した部分に、test.pyファイルをドラッグ&ドロップしましょう。すると、以下のようにC:¥から始まる長いファイルパス（ファイルの住所）に続いて、test.pyが表示されています。これが、フルパス（test.pyの場所を完全に示した形）での表示です。

ここでEnterキーを押すと、test.pyが実行されます。

コマンド プロンプト

```
C:¥Users¥tadashi>python C:¥Users¥tadashi¥Desktop¥test.py
Hello Python

C:¥Users¥tadashi>
```

次に2番目の作業ディレクトリを変更する方法です。これも簡単です。いまドラッグドロップしたファイルの前にはC:¥Users¥ユーザー名¥Desktopが記載されていました。そこに作業ディレクトリを移動すれば、python test.pyだけでファイルが実行できます。

移動する方法は簡単です。cd C:¥Users¥ユーザー名¥Desktopと、最初にcdをつけるだけです。

```
C:¥Users¥ユーザー名>cd C:¥Users¥tadashi¥Desktop
C:¥Users¥ユーザー名¥Desktop>
```

もし、ユーザー名がTaro Yamadaのように半角スペースを含む場合は、C:¥Users¥"Taro Yamada"¥Desktopと、フォルダ名全体をダブルクオーテーションで囲ってください。

これまでは>の左側にはC:¥Users¥ユーザー名と表示されていましたが、C:¥Users¥ユーザー名¥Desktopになりました。これで作業ディレクトリがtest.pyのあるディレクトリ（つまり、デスクトップ）になりましたので、python test.pyだけでファイルが実行できます

```
C:¥Users¥ユーザー名¥Desktop>python test.py
Hello Python
```

今度はうまくいきました！

普段はプロジェクトごとに作業するフォルダを決めておいて、そこに全部のファイルを入れておけば、ファイルの実行が楽になります。

練習問題

clsと入力することで、画面をクリアすることができます。試してみましょう。

⑫-② しんせつなPython

Macの場合

Macbook Airなど、Macを使っておられるかたは簡単です。Pythonは、はじめから組み込まれているのでインストールの必要はありません。まず「ターミナル」を起動しましょう。

画面一番右上にある虫眼鏡アイコンをクリックしましょう。

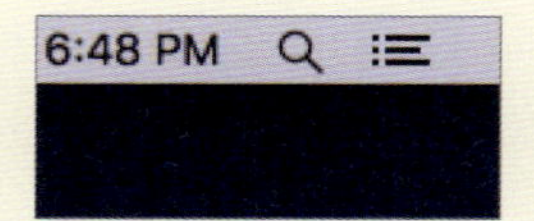

Spotlightを立ち上げたら、そこへ「ターミナル」と入力すると、ターミナルが起動します。

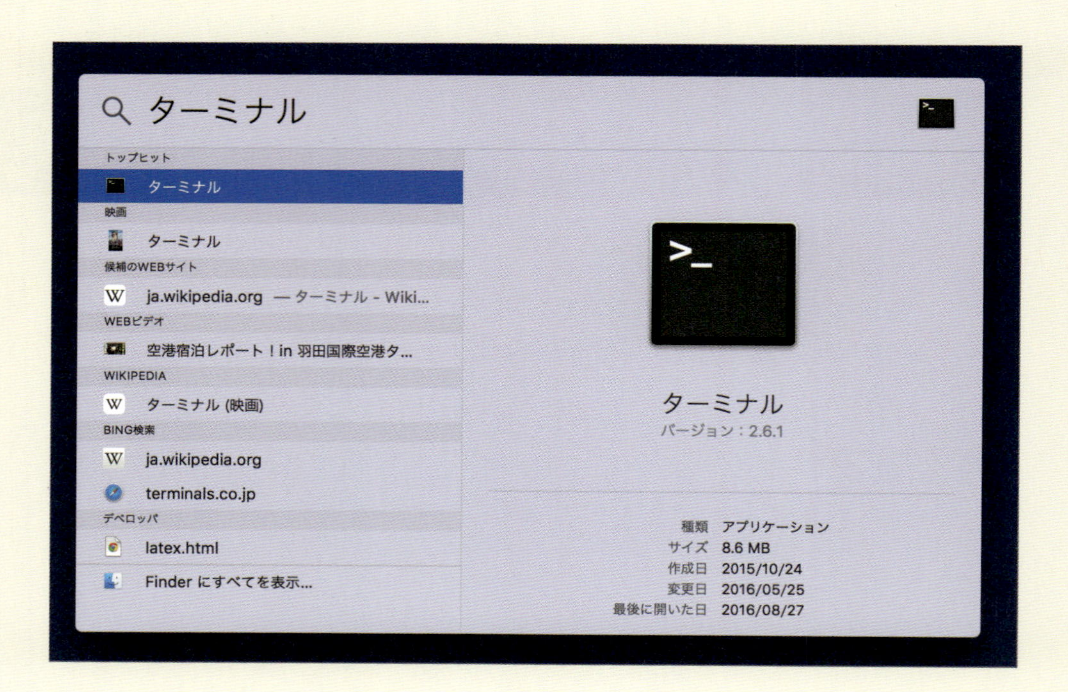

```
tadashi — -bash — 80×24
Last login: Tue Aug 16 13:33:42 on ttys002
~ $
```


起動したターミナルに`python`と入力して、キーボードのリターンキーを押せばPythonが対話モードで起動します。`quit()`と入力するとPythonが終了します。

```
$ python
Python 2.7.11 |Continuum Analytics, Inc.| (default, Dec  6 2015, 18:57:58)
[GCC 4.2.1 (Apple Inc. build 5577)] on darwin
Type "help", "copyright", "credits" or "license" for more information.
>>> quit()
$
```

`$`を入力する必要はありません。これは「ここから入力を始めるよ」という記号です。

対話モードは短いコマンドの確認を行うのには適していますが、長いコードを実行するのには向いていません。長いコードを実行するときは、`test.py`のようなPythonファイルを別に作ってそれを実行することになります。

Pythonファイルは「エディタ」といわれるテキストファイル（シンプルな文字だけのファイル）を作成するソフトを使ってつくります。頑張ればMicrosoft Wordとかでも作れないことはないのですが、せっかく無料のソフトがたくさんあるので、そちらを使いましょう。

おすすめはCotEditorです。日本人のかたが作った日本語のMacアプリです。App Storeで検索すれば見つかり、無料で利用できます。

CotEditorを起動してPythonのコードを書き、保存の時に拡張子を`.txt`から`.py`に変更するだけでPythonファイルになります。拡張子の変更時に警告が出ることがありますが、そのまま保存してください。

.pyの中身は普通のテキストファイルですが、拡張子を.pyにしておかないとPythonで実行ができません。さらに、拡張子を.pyに変更するとPython特有のコマンドが色分けして表示されて分かりやすくなります。

では試しに次の中身をもつtest.pyを作って、デスクトップに保存してください。

test.pyの中身

```
print "Hello Terminal"
```

実行しましょう。ターミナルを開いてください。先ほどは$ pythonと入力したところでEnterキーを入力しましたが、今回はEnterキーを押さずに、pythonのあとに半角スペースを入力してください。

```
$ python
```

そして今半角スペースを入力したあとの場所、すなわちコマンドプロンプト（四角い点滅しているカーソル）がある場所にむけて、デスクトップにあるtest.pyをドラッグ&ドロップしてください。

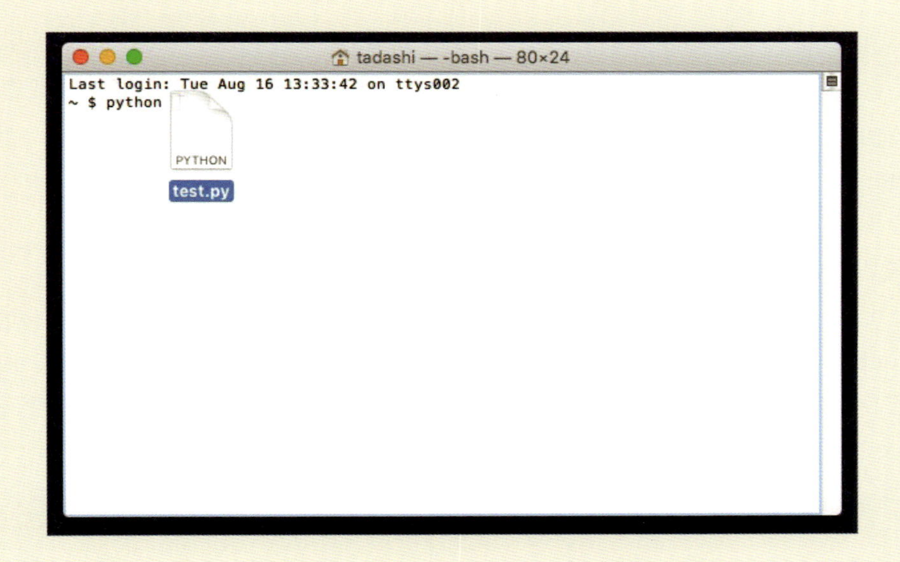

次のように表示されると思います。

```
$ python /Users/ユーザー名/Desktop/test.py
```

ユーザー名の部分は、あなたのユーザー名になっていると思います。そのままEnterを押してください。

```
$ python /Users/ユーザー名/Desktop/test.py
Hello Terminal
$
```

Pythonが実行されました。最後の行に$が表示されているということは、Pythonが実行・終了され、再びターミナルの通常モードに戻ったことを意味します。

これで実行方法はだいたい分かりましたが、毎回ドラッグドロップをするのも面倒です。単純に$ python test.pyじゃだめなのでしょうか。やってみましょう。

```
$ python test.py
python: can't open file 'test.py': [Errno 2] No such file or directory
```

「そんなファイルはない」といわれました。ごもっともです。ターミナルには「現在自分がいるディレクトリ（フォルダ）」という概念があり、そこにあるファイルだけが$ python test.pyで開くことはできます。

それでは、test.pyがある場所まで移動しましょう。移動方法は簡単です。

cd 移動したいディレクトリの場所と入力すれば良いだけです。cdはchange directoryの略です。test.pyが存在しているフォルダはすでに分かっています。先ほどドラッグドロップをしたときにtest.pyの直前に表示された/Users/ユーザー名/Desktopです。

ユーザー名に空白が含まれているときは、Yamada＼ Taroのように空白のまえにバックスラッシュが必要になってくるので注意してください。

```
$ cd /Users/ユーザー名/Desktop
Desktop $
```

表示は少し違うかもしれませんが、だいたい同じような画面になったと思います。現在自分がいるディレクトリを確認するには`pwd`と入力します。

```
Desktop $ pwd
/Users/ユーザー名/Desktop
```

`pwd`はprint working directoryの略です。working directoryは「現在作業を行っているディレクトリ」のことで、printはPythonと同じで「表示してください」という意味です。

実際に`python test.py`で実行できるか見てみましょう。

```
Desktop $ python test.py
Hello Terminal
```

うまくいきました！

普段はプロジェクトごとに作業するフォルダを決めておいて、そこに全部のファイルを入れておけば、ファイルの実行が楽になります。

練習問題

キーボードの`control`キーを押しながら`L`キーを押すことで画面をクリアすることができます。確認してみましょう。

コラム

本書はPythonの初心者を対象としているので、一番基本的なPython環境のインストールのみの解説としました。しかし、実は世の中には様々なPythonのパッケージがあり、心臓部のPythonは同じでも使いやすくカスタマイズされたものがあります。

その一つが、Ipython（アイパイソン）です。Coding Groundでは下の方にある通常のPythonを起動していただきましたが、上の方にIpythonというアイコンがあるのが見えると思います。

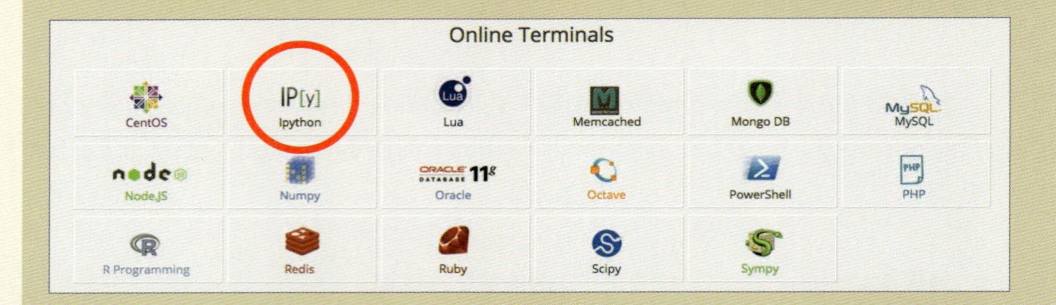

IpythonはPythonの細かな点を使いやすくしてくれている改良版です。試しにクリックして起動してみてください。対話モードでは各行に番号が付いて見やすくなっています。さらに自動インデントをはじめ便利な機能が大量にあります。

Ipythonはオンラインだけでなく、もちろん自分のパソコンへインストールして使うことも可能です。Pythonに少しなれたら、このような拡張版をインストールして使うのも良いでしょう。

第13章 Fizz Buzzゲーム

13-1 しんせつなPython

1, 2, Fizz

ここからは、実践的なプログラムを作って力をつけていきたいと思います。ここまでに学習した色々なことが復習できるプログラムとしてFizz Buzzに取り組みましょう。Fizz Buzz(フィズ・バズ)という言葉はおそらく初めて聞かれたかと思います。これは一種のゲームで、Fizz Buzzという名前では知らなくても、同じようなルールでゲームを遊んだことはあるかたが多いでしょう。

ルールは以下の通りです。まず1から順番に数えて、3で割り切れる数(3, 6, 9など)は「Fizz」、5で割り切れる数(5, 10, 15など)は「Buzz」といい、両方で割り切れる場合(15など)は「Fizz Buzz」といいます。具体的には以下の通りです

```
1, 2, Fizz, 4, Buzz, Fizz, 7, 8, Fizz, Buzz, 11, Fizz, 13, 14, Fizz Buzz, 16, ...
```

どうでしょう。言葉は違っても似たような遊びはご存じかと思います。ちなみにFizzもBuzzも特別な意味はありません。片仮名で表すなら、Fizzは「シュー」という擬音ですし、Buzzは「ブー」です。ですから、「1, 2, シュー、4, ブー」といっているようなものです。

今回はこれをプログラミングとして作ってみたいと思います。プログラムは次のような5つの流れで動作するものとします。

1. まずいくつまで数字を読み上げるか決める
2. 1から順番に表示する
3. 3で割り切れる数でFizzと表示する。
4. 5で割り切れる数でBuzzと表示する。
5. 3と5の両方で割り切れる数でFizzBuzzと表示する。

13 - 2 しんせつなPython

数字を表示する

では始めましょう。main.pyを作って、その中にコードを書いていくことにします。めんどうなかたは、ひき続きCoding Groundで作業していただいても結構です。一度に全部作ろうとすると大変ですので、とりえず1から10くらいまでの数字を表示してみることにしましょう。

コード画面（mian.pyの中身）

```
for i in range(20):
    print i + 1
```

range()関数を利用することで、iに0から数字が順番に渡されるのでした。私たちは1からスタートしたいので、1を加えています。

では実行です。第12章で学習したようにWindowsならコマンドプロンプト、Macならターミナルで、main.pyが含まれるディレクトリまで移動してください。その上でpython main.pyでmain.pyを実行しましょう。

実行結果

```
$ python main.py
1
2
3
4
5
6
7
8
9
10
```

うまくいきましたね！

先ほどの例にならって横に並べて表示したいので、次のように変更することにします。

コード画面

```
for i in range(10):
    print i + 1,
```

実行結果

```
$ python main.py
1 2 3 4 5 6 7 8 9 10
```

いちばん最後にカンマを付け加えただけですが、こうすることで改行されずにprintの結果が表示されます。

条件分岐をする

それでは条件分岐です。3で割り切れる数でFitzと表示するところから、まずは作ってみましょう。3で割り切れる数ということは、「3で割ったときに余りが0になる」ということです。

割り算の余りのことはまだ学習していなかったので、対話モードで練習してみましょう。割り算の余りの計算には%を使います。

コード画面

```
>>> 3 % 3
0
>>> 4 % 3
1
>>> 5 % 3
2
>>> 6 % 3
0
>>> 11 % 7
4
```

一番上では「3割る3」をして、その余りの0が表示されています。これを利用して、次のような条件分岐を追加して、main.pyを書き換えましょう。

コード

```
for i in range(10):
    if (i + 1) % 3 == 0:
        print "Fizz",
    else:
        print i + 1,
```

実行結果

```
$ python main.py
1 2 Fizz 4 5 Fizz 7 8 Fizz 10
```

うまくいきました。

一点注意していただきたいことがあります。`if (i + 1) % 3 == 0:`のところを誤って括弧なしで`if i + 1 % 3 == 0:`と書いてしまうと、`1 % 3`のところが先に計算されて`1`になってしまいます（1を3で割ると余りが1）。結果として`if i + 1 == 0:`という条件になってしまい、意図したものと異なる結果が表示されてしまいます。

続けて、5で割り切れる数で`Buzz`を表示する条件を加えましょう。

コード画面

```
for i in range(10):
    if (i + 1) % 3 == 0:
        print "Fizz",

    elif (i + 1) % 5 == 0:
        print "Buzz",

    else:
        print i + 1,
```

実行結果

```
$ python main.py
1 2 Fizz 4 Buzz Fizz 7 8 Fizz Buzz
```

うまくいきましたね。では最後に、3と5の両方で割り切れる数の条件を表示してみましょう。複数の条件は`and`で結ぶのでしたね。数字は`20`まで表示しましょう。

コード画面

```
for i in range(20):
    if (i + 1) % 3 == 0:
        print "Fizz",

    elif (i + 1) % 5 == 0:
        print "Buzz",

    elif (i + 1) % 3 == 0 and (i + 1) % 5 == 0:
        print "FizzBuzz",

    else:
        print i + 1,
```

実行結果

```
$ python main.py
1 2 Fizz 4 Buzz Fizz 7 8 Fizz Buzz 11 Fizz 13 14 Fizz 16 17 Fizz 19 Buzz
```

あれ？　うまくいきませんね。

15はFizzBuzzと表示して欲しいところですが、Fizzと表示されています。

15がどのように条件分岐か見てみましょう。

1つ目の条件分岐であるif (i + 1) % 3 == 0:は、3の倍数かどうかをみる判定でした。15はこの条件が該当してしまうために、Fizzと表示され、3つ目の条件分岐まで到達しなかったのです。

よって、3つ目の条件分岐を1つ目に持って行くことで問題は解決されます。

コード画面

```
for i in range(20):
    if (i + 1) % 3 == 0 and (i + 1) % 5 == 0:
        print "FizzBuzz",

    elif (i + 1) % 3 == 0:
        print "Fizz",

    elif (i + 1) % 5 == 0:
        print "Buzz",

    else:
        print i + 1,
```

実行結果

```
$ python main.py
1 2 Fizz 4 Buzz Fizz 7 8 Fizz Buzz 11 Fizz 13 14 FizzBuzz 16 17 Fizz 19 Buzz
```

うまく15がFizzBuzzと表示され、プログラムが完成しました。

ここからは少し追加の機能をつけて遊んでみましょう。

13-4 しんせつなPython

改行を加える

横長になってくると見にくくなるので、FizzBuzzが出た時点で改行することにしましょう。print "FizzBuzz",の最後のカンマ(,)を取り除くことで、自動的に改行されます。試しに100個表示してみましょう。

コード画面

```
for i in range(100):
    if (i + 1) % 3 == 0 and (i + 1) % 5 == 0:
        print "FizzBuzz"

    elif (i + 1) % 3 == 0:
        print "Fizz",

    elif (i + 1) % 5 == 0:
        print "Buzz",

    else:
        print i + 1,
```

実行結果

```
$ python main.py
1 2 Fizz 4 Buzz Fizz 7 8 Fizz Buzz 11 Fizz 13 14 FizzBuzz
16 17 Fizz 19 Buzz Fizz 22 23 Fizz Buzz 26 Fizz 28 29 FizzBuzz
31 32 Fizz 34 Buzz Fizz 37 38 Fizz Buzz 41 Fizz 43 44 FizzBuzz
46 47 Fizz 49 Buzz Fizz 52 53 Fizz Buzz 56 Fizz 58 59 FizzBuzz
61 62 Fizz 64 Buzz Fizz 67 68 Fizz Buzz 71 Fizz 73 74 FizzBuzz
76 77 Fizz 79 Buzz Fizz 82 83 Fizz Buzz 86 Fizz 88 89 FizzBuzz
91 92 Fizz 94 Buzz Fizz 97 98 Fizz Buzz
```

こうしてみると、規則正しく`Fizz`と`Buzz`が表示されていることがわかります。

練習問題

7で割り切れるときには`woof`（ウーという犬の鳴き声）を表示するように改良してください。

練習問題

`i + 1`をくり返してコードの中に書くのはたいへんですし、間違いのもとです。`j`という変数を用意し、`j`に`i + 1`を代入することで、コードをシンプルに書き直しましょう。

第14章
大量の文字列を扱おう

14 - 1 しんせつなPython

こんなプログラムを作ります

数字の扱いに少し慣れたところで、次は文字列の扱いを練習するプログラムを書きましょう。非常に長い文字列の例として、青空文庫からテキストファイルをダウンロードして、色々と遊んでみたいと思います。

これから作ろうとしているプログラムは、次のように動作するものとします。

(1) テキストファイルは、あらかじめダウンロードしてあるものとする
(2) ダウンロードしたテキストファイルを、ダイアログボックスを使って読み込む
(3) 読み込んだファイルについて以下のことを調べる
　-1 全体の文字数
　-2 ある特定の文字列が含まれている回数

14-2 しんせつなPython

テキストファイルのダウンロード

まずはテキストファイルを用意しましょう。テキストファイルは、青空文庫に掲載されている作品のテキストファイルをダウンロードして使用します。青空文庫は、インターネット上の電子図書館で、著作権の切れている小説や著者から許諾された小説などを公開しています。

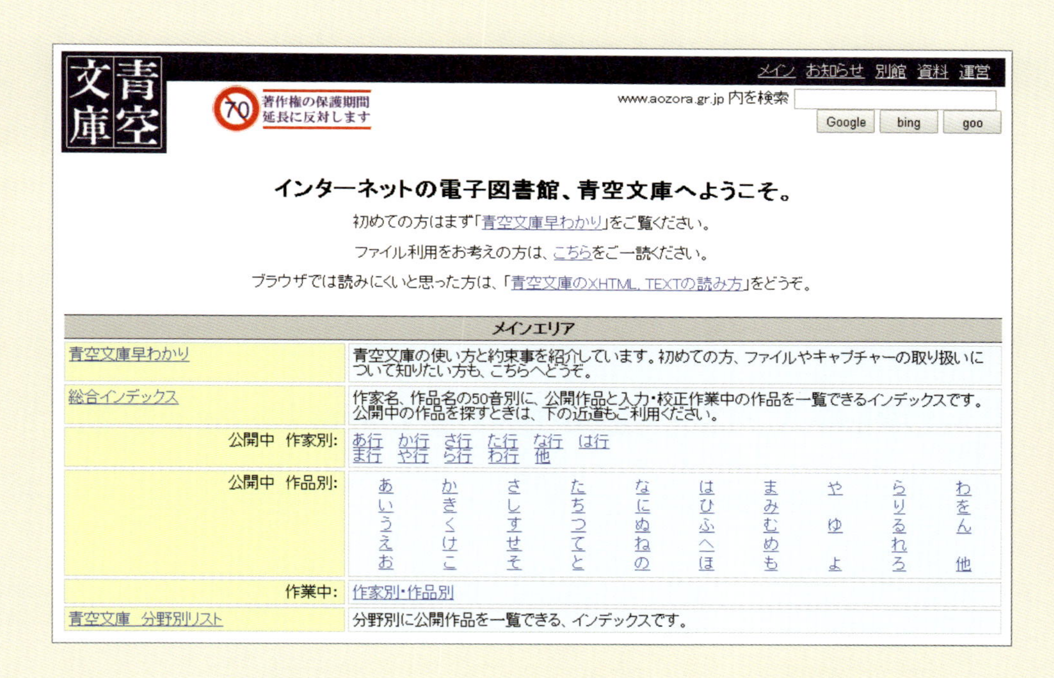

青空文庫のホームページ
http://www.aozora.gr.jp/

ダウンロードするテキストファイルは、だれもが一度は読んだことのある夏目漱石の「吾輩は猫である」にします。もし読んだことがなくても、大丈夫です。実は、私も読んだことがありません。ダウンロードすることのできるホームページを表示するには、次の３つの方法があります。

作品名「我が輩は猫である」から探す場合

青空文庫のホームページには「公開中　作品別：」という欄があります。そこの「わ」をクリックすると、次に「公開中　作品一覧：ワ」が表示され、その一覧の１ページ目には掲載されていないので、「次の50件」をクリックして２ページ目を表示すると、真ん中のあたりに「我が輩は猫である」があります。作品名をクリックして該当ページを表示してくだ。

検索キーワードを入力して「我が輩は猫である」を探す場合

Googleなどの検索エンジンを利用して「青空文庫　吾輩は猫である」というキーワードを入力して検索してください。

検索された一覧の中にある「図書カード：吾輩は猫である - 青空文庫」と書かれているリンクをクリックして該当ページを表示してください。

URLを入力して「我が輩は猫である」を探す場合

下記の「我が輩は猫である」のホームページアドレスを直接ブラウザに入力してください。

青空文庫の「我が輩は猫である」のホームページ
http://www.aozora.gr.jp/cards/000148/card789.html

すると、「図書カード：No.789　作品名：吾輩は猫である」と書かれた該当ページが表示されます。

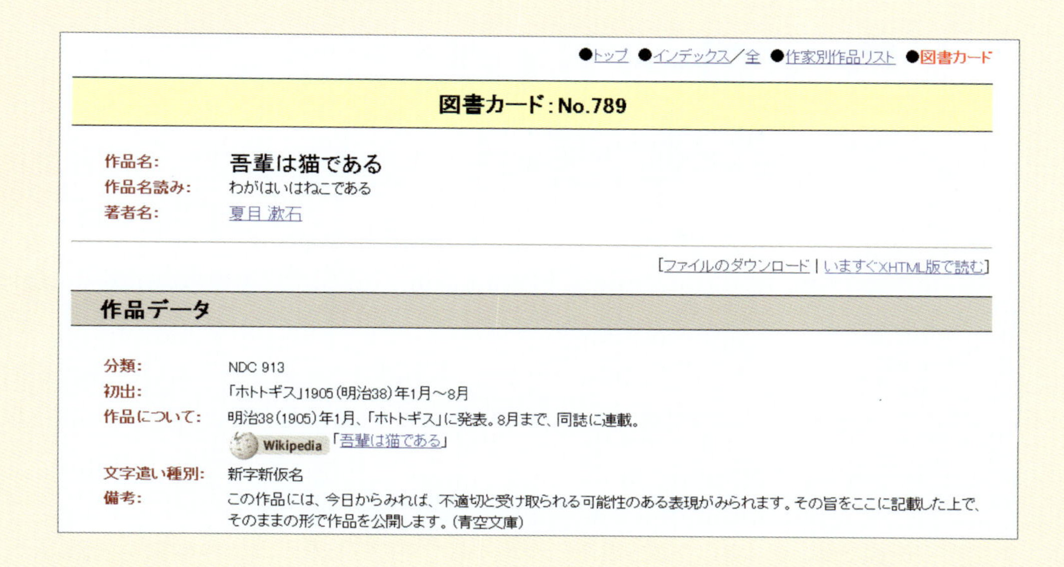

画面下のほうへスクロールすると、「ファイルのダウンロード」という場所があります。ここにある表のうち、「テキストファイル（ルビあり）」と書かれた欄のファイル名（リンク）にある「789_ruby_5639.zip」をクリックして、zipファイルをダウンロードしてください。

ファイルは圧縮されているので解凍してください。

多くの環境ではダウンロードをしたファイルをダブルクリックすることでファイルが解凍されるはずです。

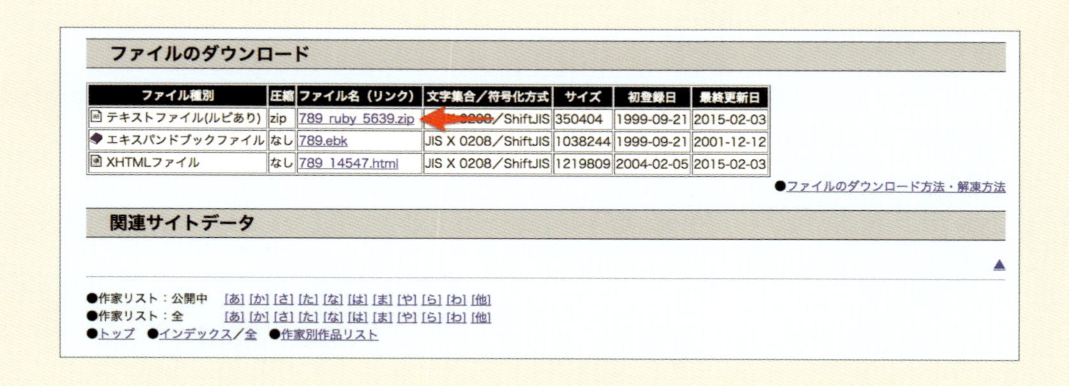

解凍された`wagahaiwa_nekodearu.txt`を確認してください。

14-3 しんせつなPython

ダウンロードしたファイルを選ぶ

さて、ダウンロードしたファイルを読み込みましょう。この「吾輩は猫である」以外にも色々ファイルを読み込んで遊びたいので、ファイルはダイアログボックスを使って選ぶことにしましょう。ダイアログボックスとは、私たちが普段からファイルを開くときに出てくる小さいウィンドウのことです。実は、このウインドウはPythonのプログラムで作ることができます。

それでは、ダイアログボックスを表示するためのプログラムを作って、実行しましょう。次のような内容を入力してください。ファイル名はmain.pyとして保存して、コマンドプロンプト（Macならターミナル）から実行しましょう。なお、Coding Groundでは、ダイアログボックスを表示するプログラムは実行できませんので、注意してください。

コード画面（main.pyの中身）

```
from tkFileDialog import askopenfilename

my_file = askopenfilename()
print type(my_file)
print my_file
```

実行結果

```
$ python main.py
<type 'str'>
/Users/tadashi/Downloads/wagahaiwa_nekodearu.txt
```

コードを1行ずつみていきましょう。

from tkFileDialog import askopenfilenameで、tkFileDialogライブラリからaskopenfilename()関数を読み込んでいます。少し複雑なようにみえますが、第11章でfrom math import ceilとしたものと同じことです。

my_file = askopenfilename()を実行したところで次のようなウィンドウが表れます。一緒に小さい白いウィンドウも表示されるかもしれませんが、気にしないでください。

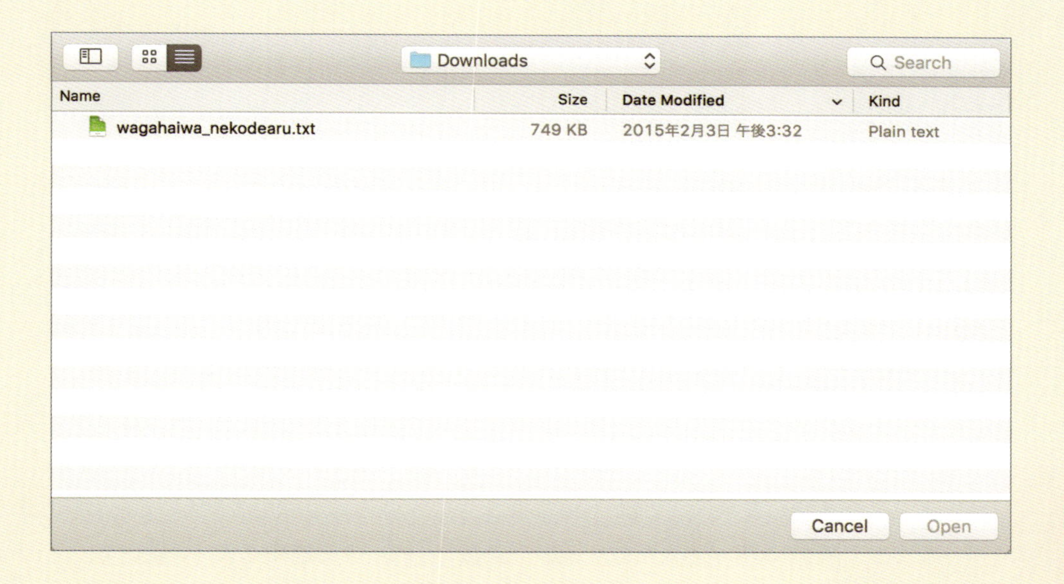

この中のwagahaiwa_nekodearu.txtを選択してOpenボタンをクリックします。

この時点で行われることはmy_fileの変数名に「ファイルの場所」が保存されているということです。その証拠にprint type(my_file)の実行結果は<type 'str'>(文字列)になっていますし、print my_fileの実行結果は/Users/tadashi/Downloads/wagahaiwa_nekodearu.txtとファイルが置かれている場所が表示されています。

値を返す関数について忘れてしまったかたは、第7章を読み返してください。そこではx = sanbai(x)のような例を扱っていました。

14-4 しんせつなPython

ファイルを開いて表示する

これでファイルの場所が取得できましたので、次にファイルを開く操作をしましょう。

main.pyの3行目以降を次のように書き換えます。

コード画面

```
from tkFileDialog import askopenfilename

my_file = askopenfilename()

my_data = open(my_file, "r")

for row in my_data:
    print row
```

open(my_file, "r")はmy_fileの場所にあるファイルを"r"の状態で読み込むことを意味します。"r"とはreadの頭文字で、読み取り専用で開くことを意味します。

open関数で読み込んだファイルを変数my_dataに格納します。続いて、forループを使ってmy_dataの中身を一行ずつ表示しています。my_dataはリスト形式などではないのですが、forループを使えば一行ずつ取り出せるという特性をもっています。

では、実行結果を見てみましょう。

実行結果

```
$ python main.py
��y�‹L�ł���

�Ėﾕ��



------------------------------------------------------

�y�e�L�X�g���·����L���·· ��āz


�s�t�F���r

�i��j��y�s�킏 �˜ ��t�‹L�ł���
（以下略）
```

文字化けしてしまいましたね。しかもファイルがもの凄く長いので延々と文字化けが表示され続けます。途中で止めたい場合は、キーボードのCtrl（Control）キーを押しながらCキーを押して中断してください。

日本語のファイルが文字化けしやすいのは、皆さんご存じだと思います。wagahaiwa_nekodearu.txtが英語のファイルなら問題がないのですが、日本語なので文字化けしてしまいました。この問題を解決するためには、文字コードを指定して読み込める関数を使います。

main.pyを次のように変更しましょう。

コード画面

```
from tkFileDialog import askopenfilename
from codecs import open

my_file = askopenfilename()

data = open(my_file, "r", "shift_jis")

for row in data:
    print row
```

14

実行結果

```
$ python main.py
吾輩は猫である


夏目漱石





-------------------------------------------------------


【テキスト中に現れる記号について】




《》：ルビ


（例）吾輩《わがはい》は猫である
（以下略）
```

文字化けが解消されました！

from codecs import openを使って、codesというライブラリからopen()関数を読み込んでいます。この操作の結果、Python本体に初めから備わっているopen()関数は置き換わることに注意してください。同じopen(my_file, ...)で動く関数ですが、文字化けをしていたときに扱っていた関数とは別物です。

この新しいopen()関数は3つ目の引数が指定できます。3つ目の引数に文字コードの種類を指定することで、文字化けが解消されます。ここでは"shift_jis"を指定しました。

全体の文字数を調べる

続いて全体の文字数を調べましょう。先ほどはforループを使って1行ずつ読み込んだファイルを表示していました。そのやりかたでは表示しただけで終わってしまいます。そのため、一旦すべて文字列にして読み込み、そのあとにlen()関数を使って文字数を調べることにしましょう。

ステップが複雑になってきたので、コード上にコメントをつけました。

コード画面

```
# coding: utf-8

from tkFileDialog import askopenfilename
from codecs import open

# ファイルの場所の取得
my_file = askopenfilename()

# ファイルを開く
my_data = open(my_file, "r", "shift_jis")

# 文字列として読み込む
my_words = my_data.read()

print len(my_words)
```

まず1行目ですが、コメントに日本語を使っているので、先頭行の# coding: utf-8が必要になってきます。

これについては、次章でくわしくお話しします。

文字列として読み込む、以下が変更した行です。

my_words = my_data.read()では、my_dataを.read()メソッドを使って文字列として読み込み、変数my_wordsに代入しています。さらに、文字列として読み込まれたデータに対してlen()関数を使って長さを調べています。

実行結果

```
$ python main.py
377272
```

文字数は37万7,272文字あることが分かりました。

14-6 しんせつなPython

ある特定の文字列が含まれている回数を調べる

次に特定の文字列が文章中に何回出てくるか調べましょう。タイトルが「吾輩は猫である」なので「猫」が何回出てくるか調べることにします。

文字列中に特定の文字が何回出てくるかは、.count()メソッドで調べられましたね。第3章で学習しましたが、覚えておられるでしょうか。,count()メソッドを使い、次の一行を最後に加えることで「猫」の回数が表示できます。

```
print my_words.count(u"猫")
```

全体としては次の通りです。

コード画面

```
# coding: utf-8

from tkFileDialog import askopenfilename
from codecs import open

# ファイルの場所の取得
my_file = askopenfilename()

# ファイルを開く
my_data = open(my_file, "r", "shift_jis")

# 文字列として読み込む
my_words = my_data.read()

print len(my_words)

print my_words.count(u"猫")
```

実行結果

```
$ python main.py
377272
263
```

「猫」は263回出てきたことになります。

この方法を使えば確かに必要な結果は分かるのですが、数字だけ出てきて味気ないですし、「猫」以外の文字列を調べたくなるとコード自体の変更が必要になるところが面倒です。

少し変更を加えて、自分が調べたい言葉を直接入力することにしてみましょう。さらに、結果の表示方法を、もう少し親切にしようと思います。

コード画面

```
# coding: utf-8

from tkFileDialog import askopenfilename
from codecs import open

# ファイルの場所の取得
my_file = askopenfilename()

# ファイルを開く
my_data = open(my_file, "r", "shift_jis")

# 文字列として読み込む
my_words = my_data.read()

print "全体の文字数は", len(my_words), "文字です"

# 文字を検索する
print "検索したい単語を入力してください。終了するときは end と入力してください"
```

```
while True:
    tango = raw_input()
    tango = tango.decode('utf-8')

    if tango == "end":
        break

    else:
        print tango, "は", my_words.count(tango), "回でてきます。"

print "おつかれさまでした。"
```

実行結果

```
$ python main.py
全体の文字数は 377272 文字です
検索したい単語を入力してください。終了するときは end と入力してください
猫
猫 は 263 回でてきます。
吾輩
吾輩 は 483 回でてきます。
今日
今日 は 117 回でてきます。
この
この は 712 回でてきます。
end
おつかれさまでした。
```

まず、全体の文字数の表示ですが、次のような行を加えることで表示方法を分かりやすくしました。

```
print "全体の文字数は", len(my_words), "文字です"
```

print 文字列, 整数型, 文字列とカンマで区切ることで、全体の文字数は377,272 文字ですのように表示することができます。

さらにwhile True:以下を変更しました。while Trueは無限ループです。ループ中のbreakという処理が実行されるまで、何度も繰り返し処理が実行されることになります。

ループの中の説明に移りましょう。まずraw_input()が実行されるとプログラムが一旦中断して、ユーザー自身からのキーボード入力待ちになります。rawというのは「未処理の」という意味があり、「直接入力されたそのままの」というニュアンスが込められています。ユーザーが入力した結果は変数tangoに代入されます。

ユーザーが入力した文字列は、そのままだと文字化けの原因になります。そのため、tango.decode('utf-8')という処理を行ったものをtangoに再度代入することで、日本語での文字化けが出ないようにしています。この日本語の文字化けについての対応は、次の「しりとりプログラム」で再度詳しく説明します。

次にifを用いた条件分岐にうつります。endが入力されたときはbreakが実行されます。breakはwhileループから抜ける処理です。よって、endが入力されるとwhileループをぬけて、print "おつかれさまでした。"が実行され、プログラムが終わります。最後に労をねぎらってくれるなんて優しいプログラムですね。

end以外の時、つまり何らかの検索したい文字列が入力されたときには、その回数を表示します。ここでもカンマをつかって文字列と整数型を並べて表示しています。

本章ではユーザー自身でファイルを選択したり、検索する単語を入力したりすることで、様々な状況に対応できるプログラムを作りました。

一気に何かの処理ができるプログラムも楽しいですが、初めのうちは、一つ一つのなんらかの反応があり、動きが理解できる小さなプログラムを作るほうが楽しいと思います。

次の章でも、ユーザーの入力に対して反応がくり返されるプログラムを作りたいと思います。

練習問題

`end`のかわりに「おわり」と入力することで終了するようにしてください。

練習問題

`tango = tango.decode('utf-8')`の行がない場合にエラーが出ることを確認してください。行を削る必要はありません。`# tango = tango.decode('utf-8')`と先頭にシャープをつけることで、該当する行をコメント扱いにします。ちなみにコメントにすることを「コメントアウト」といいます。

練習問題

青空文庫の他のファイルや、自分で作った文章も同じように調べてみましょう。

第15章

しりとりプログラムを作ろう

15-1 しんせつなPython

こんなしりとりプログラムを作ります

3つ目の練習として、「しりとり」をするプログラムを作りましょう。ルールとして考えられるのは以下の項目です。

- **しりとりは「り」から始める**
- **少しさみしいけれど、ひとりでしりとりをする設定**
- **「ん」で終わってはいけない**
- **1文字ではいけない**
- **同じ言葉は2回使ってはいけない**

一気に作ると大変なので、少しずつ作っていきましょう。

まずは「しりとりの『り』から始まる言葉を入力してください」と表示するプログラムを作ってみましょう。main.pyの中身は次のようにしてみました。

コード画面（main.pyの中身）

```
print "しりとりの『り』から始まる言葉を入力してください"
```

main.pyの中身を作ったら、実行です。実行方法は、main.pyのあるディレクトリ（フォルダ）まで移動した上で実行しましょう。

実行結果

```
$python main.py
  File "main.py", line 2
SyntaxError: Non-ASCII character '\xe3' in file main.py on line 2, but no
encoding declared; see http://python.org/dev/peps/pep-0263/ for details
```

泣けますね。いきなりエラーです。

エラーにNon-ASCII character …とあります。実は、私たちが使う日本語はASCII（アスキー）と呼ばれる英字中心の文字とは少し違います。細かい話は置いておいて、次の一行を使いすることで解決できます。

コード画面

```
# coding: utf-8

print "しりとりの『り』から始まる言葉を入力してください"
```

実行結果

```
$ python main.py
しりとりの『り』から始まる言葉を入力してください
```

うまくいきました！

coding: utf-8は日本語が表示できるようになる魔法のコメントと覚えておいてください。一見ただのコメント行のように見えますが、実はこのコメント行はしっかりと仕事をしてくれます。utf-8というのは、文字コードのセットなのですが、今はよく分からなくて大丈夫です。

15

15-2 しんせつなPython

キーボードから単語を入力する

次のステップとして「『り』から始まる単語を入力して･･･」といいたいところですが、まずはキーボードから単語を入力してそれを表示することにしましょう。キーボードから入力させるには、raw_input()関数を使います。

さきほどの章でも使った関数ですね。main.pyの中身を次のように書き換えましょう。最後の2行を追加しました。

コード画面

```
# coding: utf-8

print "しりとりの『り』から始まる言葉を入力してください"

my_word = raw_input()
print my_word, "ですね。"
```

実行結果

```
$ python main.py
しりとりの『り』から始まる言葉を入力してください
```

画面上では、出力されたところでカーソルが点滅しています。そこに好きな言葉を入力してみましょう。たとえば、あいうえおを入力してみます。すると次のように続けて表示されます。

実行結果

```
$ python main.py
しりとりの『り』から始まる言葉を入力してください
あいうえお
あいうえお ですね。
```

プログラムの動きですが、さいしょのあいうえおを入力してEnterキーを押すと、変数my_wordにあいうえおが代入されます。

続いてprint my_wordで、入力されたmy_wordと、ですねを続けて表示しています。

printは、変数や文字列をカンマ(,)で区切って表示することで、連続して表示することができます。

ただのオウム返しですが、これで何となく対話している感じが生まれました。

15-3 しんせつなPython

しりとりがうまくいっているかの確認

さて、あいうえおの頭の言葉「あ」が、しりとりのお尻の言葉「り」と一致しているかの確認が必要です。まずは、変数atamaとoshiri（お尻）を作成して、oshiriとatamaを表示してみましょう。main.pyは次のように変更しました。

コード画面

```
# coding: utf-8

my_word = "しりとり"
oshiri  = "しりとり"[-1]
print my_word, "の『", oshiri, "』から始まる言葉を入力してください"

my_word = raw_input()
print my_word, "ですね。"

atama = my_word[0]
print "最初の文字は", atama, "です。"
```

実行結果

```
$ python main.py
しりとり の『 � 』から始まる言葉を入力してください
あいうえお
あいうえお ですね。
最初の文字は � です。
```

my_word = "しりとり"でまず、my_wordにしりとりを入れています。次にoshiriに"しりとり"[-1]でりを入れています。

abcde[0]はaでしたが、abcde[-1]はeで、abcde[-2]はdになります。第4章の練習問題でも触れましたが、一度、対話モードで試してみてください。

続いてmy_wordを書き換えて、「しりとり」に続く言葉をraw_input()関数で入力します。続いて、my_word[0]で変数atamaに一文字目を代入しています。

これで上手くいくハズですが・・・、出力をみてみると文字化けしていますね。だいたい偉そうに説明したときに限って失敗するものです。肝心のatamaとoshiriが「�」になってしまっています。どうしたのでしょうか？

この理由は、日本語が2バイト文字だからです。とりあえずは2バイト文字とか難しい話は置いておいて、日本語が文字化けする現象は、受け取ったメールなどでよく私たちが経験していることです。日常茶飯事なのです。肝心なのは、これを回避する方法です。

回避する方法1

日本語の文字列のまえにuをつける。uはunicodeのuです。unicodeが何かは、現時点では気にしなくも大丈夫です。

例　u"あいうえお"

回避する方法2

すでに変数に入ってしまっている文字列には、.decode('utf-8')メソッドを適用することで文字化けを回避できます。decodeというのは、「暗号化された情報を元に戻す」という意味があります。この場合だと「utf-8という暗号にしたがって、文字列を読み直す」くらいの意味だと考えてください。

さて、main.pyを修正しましょう。この例だと、文字列"しりとり"には方法1で対応できそうですし、raw_input()から代入したmy_wordに対しては方法2が使えそうです。方法1と方法2を使った場所には、それぞれコメント（#で始めるのでしたね）で示しています。

コード画面

```
# coding: utf-8

my_word = u"しりとり" # 方法1
oshiri   = u"しりとり"[-1] #方法1
print my_word, "の『", oshiri, "』から始まる言葉を入力してください"

my_word = raw_input()
print my_word, "ですね。"

my_word = my_word.decode('utf-8') #方法2
atama = my_word[0]

print "最初の文字は", atama, "です。"
```

実行結果

```
$ python main.py
しりとり の『 り 』から始まる言葉を入力してください
あいうえお
あいうえお ですね。
最初の文字は あ です。
```

うまくいきました！
さて次はいよいよ、oshiriとatamaが一致しているかの確認です。
main.pyの最後に、ifを用いた条件分岐を加えましょう。

コード画面

```
# coding: utf-8

my_word = u"しりとり"
oshiri   = u"しりとり"[-1]
print my_word, "の『", oshiri, "』から始まる言葉を入力してください"

my_word = raw_input()
```

```
print my_word, "ですね。"

my_word = my_word.decode('utf-8')
atama = my_word[0]

if oshiri==atama:
    print "おっけーです！"
else:
    print "あっていません！"
```

実行結果1（まちがっているバージョン）

```
$ python main.py
しりとり の『 り 』から始まる言葉を入力してください
あいうえお
あいうえお ですね。
あっていません！
```

実行結果2（あっているバージョン）

```
$ python main.py
しりとり の『 り 』から始まる言葉を入力してください
りんご
りんご ですね。
おっけーです！
```

うまく判定できています。

ループを作成する

さて、ここで問題が出てきました。「しりとり」は、お尻と頭をつなげ続けてナンボのゲームです。こんな一回だけの「しりとり」は面白くありません。

繰り返しといえば、forループやwhileループですね。このうち`for`は回数が決まっているループでしたので、ここでは`while`が適しているような気がします。

あまり気の利いた図は書けませんが、私たちがしたいことはだいたい次のようなことです。

この`oshiri==atama`の判定の判定結果を`while`の右側に置いてあげると、うまくいく気がします。いきなり完璧は望めませんが、とりあえずできるところまでやってみましょう。

本書を読んでいる方のなかには、「とりあえずやってみるとかいって、どうせ完成しているのをみて書いているんでしょ」と、イジワルなかたもいるかもしれませんが、本当に考えながら書いています・・・。

5分ほど悩んで、main.pyを以下のように変更しました。while oshiri == atama以降が変更点です。

コード画面

```
# coding: utf-8

my_word = u"しりとり"
oshiri  = u"しりとり"[-1]
print my_word, "の『", oshiri, "』から始まる言葉を入力してください"

my_word = raw_input()
print my_word, "ですね。"

my_word = my_word.decode('utf-8')
atama = my_word[0]

while oshiri==atama:
    print "おっけーです！"

    oshiri = my_word[-1]
    print "次に『", oshiri, "』から始まる言葉を入力してください。"

    my_word = raw_input()
    print my_word, "ですね。"

    my_word = my_word.decode('utf-8')
    atama = my_word[0]

print "ざんねん！おしまいです"
```

実行結果

```
しりとり の『 り 』から始まる言葉を入力してください
りんご
りんご ですね。
おっけーです！
次に『 ご 』から始まる言葉を入力してください。
```

15

```
ごりら
ごりら　ですね。
おっけーです！
次に『　ら　』から始まる言葉を入力してください。
ねこ
ねこ　ですね。
ざんねん！おしまいです
```

うまくいっているようです。

15-5 しんせつなPython

重複しているコードをまとめる

よく見てみるとプログラム中に重複している表現が結構あります。プログラミングの基本に「なるべく繰り返さない」という原則があります。繰り返しがあると、どちらか一方を変更したときに整合性がとれなくなったりして、メンテナンスが大変になります。そのため、「一応うまく動いていても」あえて直すことがよくあります。

重複を修正したバージョンがこちらです。

コード画面

```
# coding: utf-8

my_word = u"しりとり"

while True:
    oshiri = my_word[-1]
    print my_word, "の『", oshiri, "』から始まる言葉を入力してください"

    my_word = raw_input()

    my_word = my_word.decode('otf-8')
    atama = my_word[0]

    if oshiri==atama:
        print "おっけーです！"
    else:
        print "ざんねん！"
        break
```

結構大幅に修正してみました。
動作は全く同じなので実行結果は省略します。

うまく修正することで、重複していた部分をなくすことができました。違いはどこでしょう？　わかりますか？

先ほどまでのコードでは、whileにoshiri==atamaを入れていたので、事前にどうしても、一度しりとりを行う必要があったのです。つまり「一度しりとりをしてからループに入る」という手順でした。

一方、新しいコードでは「まずループの中に入ってしまい、そこからしりとりを開始する」という手順にしています。その結果、一回目のしりとりからループ内に入れることができています。

一回目のしりとりの言葉「しりとり」だけがループの外にあります。ここではmy_wordの初期値だけ設定しており、ループは開始していません。

しりとりのように、「ある条件を満たす限り無限に続くループ」を処理するときには、while Trueでwhileループを扱うとうまくいきます。while Trueの無限ループはちょっと怖いですが、きちんと扱えば大丈夫です。

最後に、ifでの条件分岐があって、しりとりが上手に進められたら、おっけーです！とprintして、再びループに戻ります。そうでない場合は、else:の処理が実行され、ざんねん！がprintされます。
そのあとにbreakと書かれています。
forループでも扱いましたがbreakは、whileループを抜けるためにも用いられるコマンドです。その結果、whileループをぬけて、コードの最後まで到達して、終了となるわけです。

いかがでしょうか。無駄に長いコードから、すごく短くてわかりやすいコードになったと思いませんか？
このように振る舞い（プログラムの動き）を変更することなく、理解しやすいコードに修正することを「リファクタリング（refactoring）」といいます。この作業が面白くなってくると、プログラミングの腕がどんどんあがります。

15-6 しんせつなPython

「ん」で終わる場合にエラーを判定する

リファクタリングをするとプログラムの修正も容易になります。それでは、その他のルールを加えていきましょう。

「んで終わったらいけない」というルールと「1文字だといけない」という2つのルールをelifで追加してみます。elif以下が追加したコードになります。

コード画面

```
# coding: utf-8

my_word = u"しりとり"

while True:
    oshiri = my_word[-1]
    print my_word, "の『", oshiri, "』から始まる言葉を入力してください"

    my_word = raw_input()

    my_word = my_word.decode('utf-8')
    atama = my_word[0]

    if oshiri==atama:
        print "おっけーです！"

    elif len(my_word)==1:
        print "一文字はだめだよ！！"
        break

    elif oshiri==u"ん":
        print "「ん」で終わっちゃった！"
        break
```

実行結果

```
しりとり の『 り 』から始まる言葉を入力してください
りんご
おっけーです！
りんご の『 ご 』から始まる言葉を入力してください
ご
おっけーです！
（以下略）
```

あれ？　うまくいきませんね。

一文字でもおっけーです！が出てしまいましたね。これではぜんぜん良くありません。

なぜうまくいかなかったのでしょうか。原因を考えてみてください。

ifによる条件分岐は上から順番に判定がされていきます。この例では一番目の判定oshiri==atamaが正しい時点で条件分岐は終了となり、他の条件は判定されません。これでは困りますので、条件分岐の順番を変更しましょう。

コード画面

```
# coding: utf-8

my_word = u"しりとり"

while True:
    oshiri = my_word[-1]
    print my_word, "の『", before_oshiri, "』から始まる言葉を入力してください"

    my_word = raw_input()

    my_word = my_word.decode('utf-8')
    atama = my_word[0]

    if len(my_word)==1:
        print "一文字はだめだよ！！"
```

```
        break

    elif oshiri==u"ん":
        print "「ん」で終わっちゃった！"
        break

    elif oshiri==atama:
        print "おっけーです！"
```

動かしてみましょう。まずは一文字で失敗するパターンです。

実行結果

```
しりとり の『 り 』から始まる言葉を入力してください
りんご
おっけーです！
りんご の『 ご 』から始まる言葉を入力してください
ご
一文字はだめだよ！！
```

上手く動いています。次は「ん」で終わってしまうパターンです。

実行結果

```
しりとり の『 り 』から始まる言葉を入力してください
りんご
おっけーです！
りんご の『 ご 』から始まる言葉を入力してください
ごん
おっけーです！
ごん の『 ん 』から始まる言葉を入力してください
（以下略）
```

だめですね。「ごん」を受け付けています。

よくみると、変数oshiriには、ifによる条件分岐がはじまった時点では直前の単語のoshiri(この場合は「りんご」の「ご」)が入っていることになります。

不注意といえば不注意なのですが、atamaやoshiriが直前の単語なのか、今入力した単語なのか分かりにくいのも問題です。少し変数名の付け方に工夫をして作り直してみました。

コード画面

```
# coding: utf-8

my_word = u"しりとり"

while True:
    before_oshiri = my_word[-1]
    print my_word, "の『", before_oshiri, "』から始まる言葉を入力してください"

    my_word = raw_input()

    my_word = my_word.decode('utf-8')
    after_atama  = my_word[0]
    after_oshiri = my_word[-1]

    if len(my_word)==1:
        print "一文字はだめだよ！！"
        break

    elif after_oshiri==u"ん":
        print "「ん」で終わっちゃった！"
        break

    elif before_oshiri==after_atama:
        print "おっけーです！"
```

はじめの言葉のoshiriをbefore_oshiriとし、続く言葉のatamaとoshiriをそれぞれafter_atama、after_oshiriとしました。変数名をつけるときには名前から働きが分かるようにすることが大切です。

実際に動かしてみましょう。

実行結果

```
しりとり の『 り 』から始まる言葉を入力してください
りんご
おっけーです！
りんご の『 ご 』から始まる言葉を入力してください
ごりら
おっけーです！
ごりら の『 ら 』から始まる言葉を入力してください
らん
「ん」で終わっちゃった！
```

うまく動いてくれています。

15-7 しんせつなPython

同じ言葉を繰り返さないルールを追加する

かなり完成に近づいた感じがしましたが…。おっと、最後のルール「同じ言葉を繰り返さない」を忘れていました。

「しりとり」で使われる言葉を次々と保存して比較するのは、リストを使うのがよさそうです。ここで必要となるリストの使いかたについては説明してこなかったので、対話モードで身につけてしまいましょう。

まずPythonを起動して、空のリストを作ります。対話モードは久しぶりなので起動するところからやってみましょう。

```
$ python
Python 2.7.11 |Continuum Analytics, Inc.| (default, Dec  6 2015, 18:57:58)
[GCC 4.2.1 (Apple Inc. build 5577)] on darwin
Type "help", "copyright", "credits" or "license" for more information.
>>> x = []
>>> x
[]
```

次に空のリストに単語を加えます。

```
>>> x.append("a")
>>> x
['a']
>>> x.append("b")
>>> x
['a', 'b']
>>> x.append("c")
>>> x
['a', 'b', 'c']
```

.append()の形は、メソッドというのでしたね。.append()メソッドを使うとリストに文字列などを追加することができます。

最後に、追加した文字列がリスト内に入っているかどうかを判定しましょう。

```
>>> "a" in x
True
>>> "d" in x
False
```

うまくいっているようです。inを使うことで、あるオブジェクトがリスト内に含まれるかどうかが判定できます。対話モードを終わらせるときには、quit()と入力してください。

それではこの方法を使って、しりとりに繰り返し防止機能を加えてみましょう。

コード画面

```
# coding: utf-8

word_list = [] # 追加
my_word = u"しりとり"

word_list.append(my_word) # 追加

while True:
    before_oshiri = my_word[-1]
    print my_word, "の『", before_oshiri, "』から始まる言葉を入力してください"

    my_word = raw_input()

    my_word = my_word.decode('utf-8')
    after_atama  = my_word[0]
    after_oshiri = my_word[-1]
```

```
if len(my_word)==1:
    print "一文字はだめだよ！！"
    break

elif after_oshiri==u"ん":
    print "「ん」で終わっちゃった！"
    break

elif my_word in word_list: # 追加
    print "くりかえしだよ！"
    break

elif before_oshiri==after_atama:
    print "おっけーです！"
    word_list.append(my_word) # 追加
```

コードが長くなってきたので、上記のコードでは追加した部分に#追加とコメントを入れています。みなさんはコメントを入れる必要はありません。

まず、word_listで空のリストを作成しています。word_listは、ただの変数ですので、mylistなどでも結構です。最初の言葉であるu"しりとり"を入力したあとに、word_list.append(my_word)でword_listにu"しりとり"を追加しています。ここでは.append()メソッドの括弧内に変数が入っていますが、word_list.append(u"しりとり")と同じことになります。

次に、"しりとり"に続く単語の入力があります。そのあとに慌ててword_listに.append()してはいけません。それでは「新しく追加した単語がリストに含まれるかどうか」の判定が正しく行えないことになってしまいます。まずは判定をして、その上で追加の順番になります。

くり返しかどうかの判定をしましょう。elif my_word in word_list:と書かれている行で判定をしています。my_word in word_listは、TrueかFalseを返してくれる値です。word_listにmy_wordが含まれている、すなわち重複している場合には、print "くりかえしだよ！"を実行して繰り返していることを伝え、breakでループを抜けます。

word_listに.append()するのは、入力した単語が全ての関門をくぐり抜けたときです。よって、最後のelif before_oshiri==after_atama:のところで、word_list.append(my_word)を実行しています。

実行してみましょう。

実行結果

```
しりとり の『 り 』から始まる言葉を入力してください
りんご
おっけーです！
りんご の『 ご 』から始まる言葉を入力してください
ごりら
おっけーです！
ごりら の『 ら 』から始まる言葉を入力してください
らっこ
おっけーです！
らっこ の『 こ 』から始まる言葉を入力してください
こあら
おっけーです！
こあら の『 ら 』から始まる言葉を入力してください
らっこ
くりかえしだよ！
```

うまくいっているようです。これで殆どの部分は完成しました。

15

15 - 8 しんせつなPython

全体を関数にする

せっかく作ったプログラムなので、再利用したくなるかもしれません。そのときには、このプログラム全体を関数にすることで利用可能になります。「えー、せっかく作ったのにやり直し？」と思わないでも大丈夫です。ここまでできたら、あとひと工夫で関数に変換することができます。

作り方は以下の通りです。

コード画面（現在のプログラム）

```
def shiritori():
    現在のプログラム
```

まずdef shiritori():として関数を書き始めて、現在のプログラム全体を4文字だけ字下げしてその下に置くことで関数ができます。

インデントがちょっと面倒ですが、MacのかたでCotEditorを使っていれば、コード全体を選択した上でメニューの［テキスト］→［インデント］→［右へシフト］とすれば全体を一気にインデントすることができます。

せっかく関数を作るので、引数（ひきすう）を使ってみましょう。最初の言葉がしりとりでしたが、それを変更できるようにしたいと思います。ただし、特に指定がない場合の値（デフォルト値）はしりとりとします。そのような関数は次のように書くことができます。

コード画面

```
def shiritori(first_word=u"しりとり"):
    word_list = []
    my_word = first_word
（以下略）
```

first_wordを関数の引数としています。実行するときにshiritori()として関数を実行すればfirst_wordにu"しりとり"が入った状態で始まりますし、shirotori(u"りんご")とすれば、first_wordにりんごが入った状態で始まります。

あまり変更はありませんが、完成版の関数は以下の通りです。

コード画面

```
# coding: utf-8

def shiritori(first_word=u"しりとり"):
    word_list = []
    my_word = first_word

    word_list.append(my_word)


    while True:
        before_oshiri = my_word[-1]
        print my_word, "の『", before_oshiri, "』から始まる言葉を入力してください"

        my_word = raw_input()

        my_word = my_word.decode('utf-8')

        after_atama  = my_word[0]
        after_oshiri = my_word[-1]
```

```
        if len(my_word)==1:
            print "一文字はだめだよ！！"
            break

        elif after_oshiri==u"ん":
            print "「ん」で終わっちゃった！"
            break

        elif my_word in word_list:
            print "くりかえしだよ！"
            break

        elif before_oshiri==after_atama:
            print "おっけーです！"
            word_list.append(my_word)
```

こうやってみると結構長くなりましたね。
それでは実行してみましょう。

実行結果

```
$ python main.py
$
```

あれ？　何も表示されません。うまくいってないのでしょうか。
実はこれはうまくいっています。
main.pyの中に関数を書いても、関数を実行するコードがないと実行されないのです。
実行するためには最後に関数を実行する行が必要です。

コード画面

```
（前略）
        elif before_oshiri==after_atama:
            print "おっけーです！"
            word_list.append(my_word)

shiritori(u"りんご")
```

shirotori()で関数を実行しています。インデントされていない行なので、これは関数に含まれない行になります。

実行してみましょう

実行結果

```
$ python main.py
りんご の『 ご 』から始まる言葉を入力してください
ごりら
おっけーです！
```

うまくりんごから開始してくれました。

15-9 しんせつなPython

ライブラリとしてimportする

ダメ押しで、もう一つ面白いことをしましょう。実は今作ったmain.pyはライブラリとしてimportすることができます。main.pyに含まれるshiritori()関数は、from main import shiritoriとしてimportできます。Pythonを起動するところからやってみましょう。main.pyが保存されてるディレクトリに移動してからPythonを起動してください。

コード画面

```
$ python
Python 2.7.11 |Continuum Analytics, Inc.| (default, Dec  6 2015, 18:57:58)
[GCC 4.2.1 (Apple Inc. build 5577)] on darwin
Type "help", "copyright", "credits" or "license" for more information.
>>> from main import shiritori
りんご の『 ご 』から始まる言葉を入力してください
(以下略)
```

うまく読み込んでくれました。ところが、最後の行に追加したshiritori(u"りんご")まで実行してしまうようです。

Pythonではライブラリをimportしたときに、まず全体を実行するという特徴をもっています。そのため、最後の行にあるshiritori(u"りんご")が実行されてしまったのです。

これを避けるためには、一番下の行を次のように変更します。

コード画面

```
if __name__ == '__main__':
    shiritori(u"りんご")
```

if __name__ == '__main__':の条件分岐のあとに、shiritori(u"りんご")を書くことで、python main.pyとして実行したときにだけ、shiritori(u"りんご")が実行されて、from main import shiritoriとしてimportするときには実行されません。

では実際に二つの読み込み方法を比較してみましょう。

コード画面

```
$ python main.py
りんご の『 ご 』から始まる言葉を入力してください
```

直接pythonコマンドで実行するとif __name__ == '__main__':の中身が実行されます。

次にライブラリとして読み込んでみましょう。もし、すでに読み込んだあとの場合は、一旦Pythonを終了して、再度Pythonを立ち上げてください。

コード画面

```
$ python
Python 2.7.11 |Continuum Analytics, Inc.| (default, Dec  6 2015, 18:57:58)
[GCC 4.2.1 (Apple Inc. build 5577)] on darwin
Type "help", "copyright", "credits" or "license" for more information.
>>> from main import shiritori
>>> shiritori(u"ぱんだ")
ぱんだ の『 だ 』から始まる言葉を入力してください
```

ライブラリとしてimportしたときには、しりとりは開始されず静かに読み込まれています。if __name__ == '__main__':の解釈には少し込み入った知識が必要なのでここでは説明しません。

この使い方を覚えておくと、ライブラリを作っている最中は、`python main.py`で何度も仮の引数（たとえば`u"りんご"`）をいれて実行を確認し、いざ`import`するときには確認のためのコードは実行せずに静かに読み込むことが可能となります。

練習問題

「しりとり」をするときに、文字数を限定すると面白さが増します。3文字限定なら「りんご、ごりら、らくだ、だんご」といった感じです。このように、文字数を3文字限定でできるようにコードを書き換えてください。

ヒント：`len()`関数を使うと良いかもしれません。

練習問題

ライブラリとしての`import`方法には、`import main`という方法もありました。その方法で`main.py`を読み込んで、`shiritori()`関数を実行してください。その際に、呼び出し方法が`main.shiritori()`になることに注意しましょう。

第16章 クラスの初歩を学ぶ

16 - 1 しんせつなPython

クラスの簡単な解説

本書では、初心者にとって少しハードルが高い「クラス」と「インスタンス」については、あえて触れないで説明をすすめてきました。本書を終えて、次のステップを学習するときには、クラスとインスタンスは避けて通れない概念です。そのため、ここで簡単にお話ししたいと思います。

すごくシンプルに説明すると、クラスとは「設計図」のことで、インスタンスとは「設計図に従って作り出されたオブジェクト」ということになります。

クラスの作りかたは関数と非常に似ています。試しに簡単なクラスを作ってみましょう。以下の内容を含むmain.pyを作成して実行しましょう。

コード(main.pyの内容)

```
class my_class():
    pass
```

実行結果

```
$ python main.py
$
```

passという内容に特に意味はありません。中身を何も書かないでは実行できないので、文字通り実行をパスしてくれるコマンドを入力しただけです。

さて、クラスを実行しましたが、特に何も表示されません。関数と同じで、クラスも定義しただけでは特に何も起こりません。

クラスが役に立つのはインスタンスを作るときです。インスタンスの作りかたは簡単で、関数を実行して戻り値を代入するのと同様にして作ります。main.pyに1行書き足して、インスタンスであるmy_instanceを作成しましょう。

コード

```
class my_class():
    pass

my_instance = my_class()
```

実行結果

```
$ python main.py
$
```

またもや何も実行結果に表示されませんが、たしかにインスタンスは作られています。my_instanceの正体をtype()関数で確認しましょう。main.pyにさらに1行書き足します。

コード

```
class my_class():
    pass

my_instance = my_class()
print type(my_instance)
```

実行結果

```
$ python main.py
<type 'instance'>
```

たしかにinstanceが作られていました。

今はクラスの内容はpassだけですが、クラス内に関数を定義することで、作り出されたインスタンスに様々なメソッドを定義することができます。これまでは"python".upper()のように、オブジェクトにあらかじめ備わっているメソッドのみを覚えてきましたが、実はメソッドは私たちが作ることができます。

メソッドの作りかたは簡単で、クラスの中に関数を書けば作成できます。ただし、一つ目の引数には必ずselfとする決まりがあります。例えばこのような感じです。

コード

```
class my_class():
    def hello(self):
        print "Hello my method!"
```

hello()関数がクラスの中に書かれています。一つ目の引数（第一引数といいます）にselfが入っていることに注意してください。これについて今は詳しく知る必要はありませんが、クラスにおける作法と考えてください。そのあとは、通常の関数と同じようにインデントをしてprintを実行しています。

main.pyの内容全体を以下のように書き換えましたので、.hello()メソッドを実行してみましょう。

コード

```
class my_class():
    def hello(self):
        print "Hello my method!"

my_instance = my_class()

my_instance.hello()
```

実行結果

```
$ python main.py
Hello my method!
```

たしかに、my_instanceに定義した.hello()をメソッドとして実行した結果、クラス内に定義したhello()関数が呼び出されたことが分かります。今まで全く別物と考えていた関数とメソッドが、クラスとインスタンスを通して繋がっていることが理解できたかと思います。

ここではクラスとインスタンスの非常にシンプルな例を示しました。これを応用すれば、多機能なクラスを元に様々なメソッドを持つインスタンスを作成することができます。その例として、ウィンドウを使ったプログラムをご紹介したいと思います。

16-2 しんせつなPython

ウィンドウを表示してみよう

本書でここまで行ってきた練習では、Windowsではコマンドプロンプト、Macではターミナルを用いたプログラムを作ってきました。

これらは立派なプログラムですが、文字ばかり扱っていて少し地味な印象もあります。我々が普段扱うアプリケーションは何らかのウィンドウが表示されるものが多いので、プログラミングとしてイメージしていたものと少し違っていたかもしれません。

そこで、ウィンドウを扱った簡単なプログラミングをしてみたいと思います。

まずはシンプルなウィンドウを表示しましょう。これまでの練習と同じ要領で、以下の内容のmain.pyを作成してください。

コード（main.pyの内容）

```
from Tkinter import Tk

my_window = Tk()
my_window.mainloop()
```

Tkinterというモジュールをインポートしますが、最初のTが大文字になるので注意してください。Tkは、たった今、学習したクラスです。よって、my_window = Tk()という行は「Tkクラスから、my_windowインスタンスを作ります」という動作を意味します。

.mainloop()メソッドは、ウィンドウを表示するメソッドになります。main.pyを実行すると、このようなウィンドウが表れます。

tkという名前の真っ白なウィンドウです。このプログラムはウィンドウを表示するだけなので特に何も操作できません。「X」を押してウィンドウを閉じれば終了となります。

16-3 しんせつなPython

ウィンドウにボタンを表示してみよう

このままだとあまりにも味気ないので、ウィンドウにボタンを表示してみましょう。

Tkinterのウィンドウを作成する手順はおおまかには以下の通りです。

1.ウィンドウのインスタンスを作成する
2.ボタンなど、ウィンドウの要素（ウィジェットといいます）のインスタンスを作成する
3.ウィジェットを`.pack()`メソッドで配置する
4.最後に`.mainloop()`メソッドでそのウィンドウを表示する

`main.py`を以下のように書き換えます。

コード

```
from Tkinter import Tk, Button

my_window = Tk()

# button
my_button = Button(master=my_window, text="Push Push Push!")
my_button.pack()

my_window.mainloop()
```

1行目ではカンマで区切ることにより、`Tk`と`Button`を同時に`import`しています。`Button`も`Tk`と同じくクラスになります。

コメント`# button`以下の2行が追加したコードになります。`my_button`は`Button`クラスから作られたインスタンスで`.pack()`というメソッドを持つことが分か

ります。

インスタンスを作るときに、クラスの括弧内にmasterとtextという引数を指定しています。masterにはボタンを設置するウィンドウを指定し、textにはボタンに表示する文字列を入力しています。.pack()メソッドを実行することで、masterに指定したウィンドウにtextの内容を持つボタンを配置することができます。

実行すると次のようなウィンドウが出てきます。

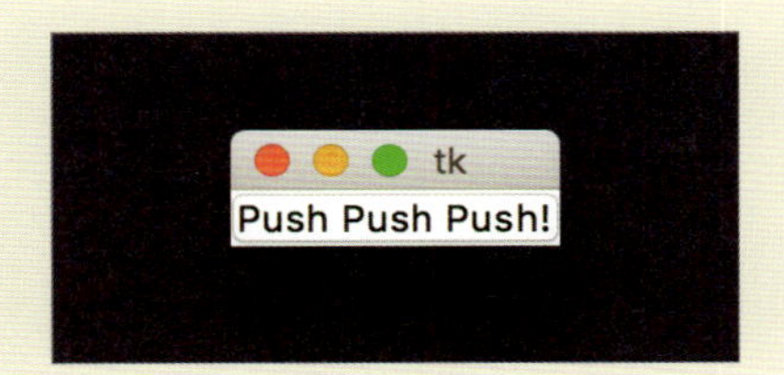

Push Push Push!と書かれているボタンですが、いくら押しても反応はありません。ボタンを押したときの動作をプログラムしていないので当然ですね。「X」を押してウィンドウを閉じましょう。

16-4 しんせつなPython

ウィンドウの大きさを調節しよう

ボタンの動作に何か付け加えたいところですが、その前にウィンドウをもう少し大きくしておきましょう。ウィンドウの大きさはmy_windowインスタンスに対する.geometry()メソッドで変更することができます。

コード

```
from Tkinter import Tk, Button

my_window = Tk()

# button
my_button = Button(master=my_window, text="Push Push Push!")
my_button.pack()

# window size
my_window.geometry("500x250")

my_window.mainloop()
```

コメント# window size以下が変更した点です。my_window.geometry("500x250")のように記載することで、ウィンドウサイズの横と縦を決定できます。

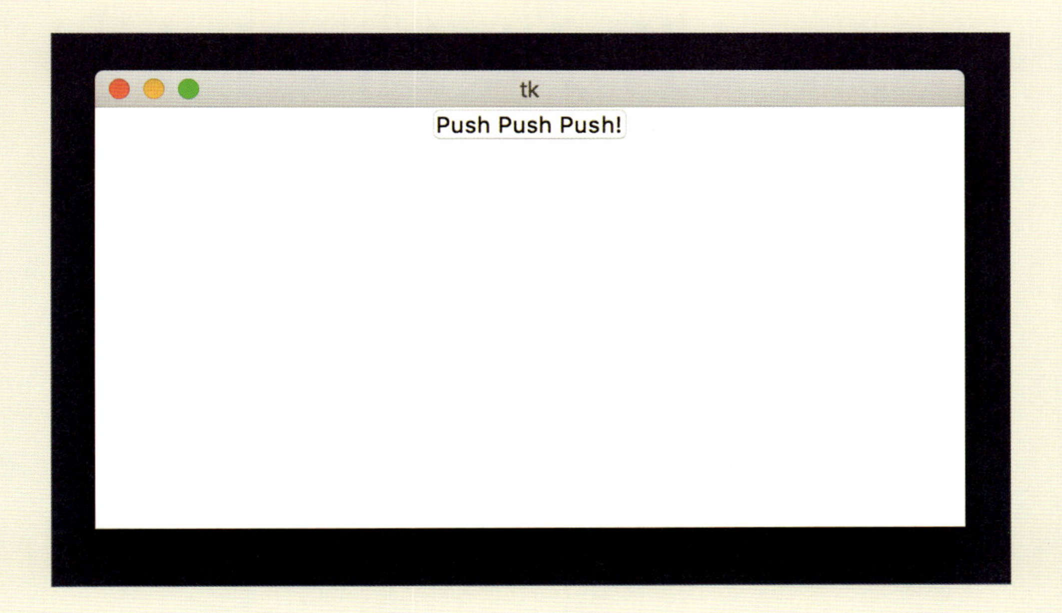

これで普段よく見る大きさのウィンドウになりました。ボタンの位置がちょっと上の方にありますが、とりあえずこれで良しとしましょう。「X」を押してウィンドウを閉じてください。

16-5 しんせつなPython

ボタンを押すとウィンドウが閉じるようにしよう

ボタンには様々な機能を与えることができます。ここでは、ボタンをおしたらウィンドウが閉じるようにしましょう。

main.pyを以下のように書き換えます。

```
from Tkinter import Tk, Button

my_window = Tk()

# window close
def window_close():
    my_window.quit()

# button
my_button = Button(master=my_window, text="Close me!", command=window_close)
my_button.pack()

# window size
my_window.geometry("500x250")

my_window.mainloop()
```

変更点は# window close以下に定義したwindow_close()関数です。この関数はmy_window.quit()という動作から推測できるように、ウィンドウを閉じてくれます。関数を定義しただけでは動作してくれないので、my_buttonのインスタンスを作るときの引数としてcommand=window_closeと定義することで、my_buttonが押されたときに関数が動作するように設定しています。ついでにtextの引数をtext="Close me!"とすることで、my_buttonに表示されるテキストを変更しています。

実行すると次のようなウィンドウが出てきます。

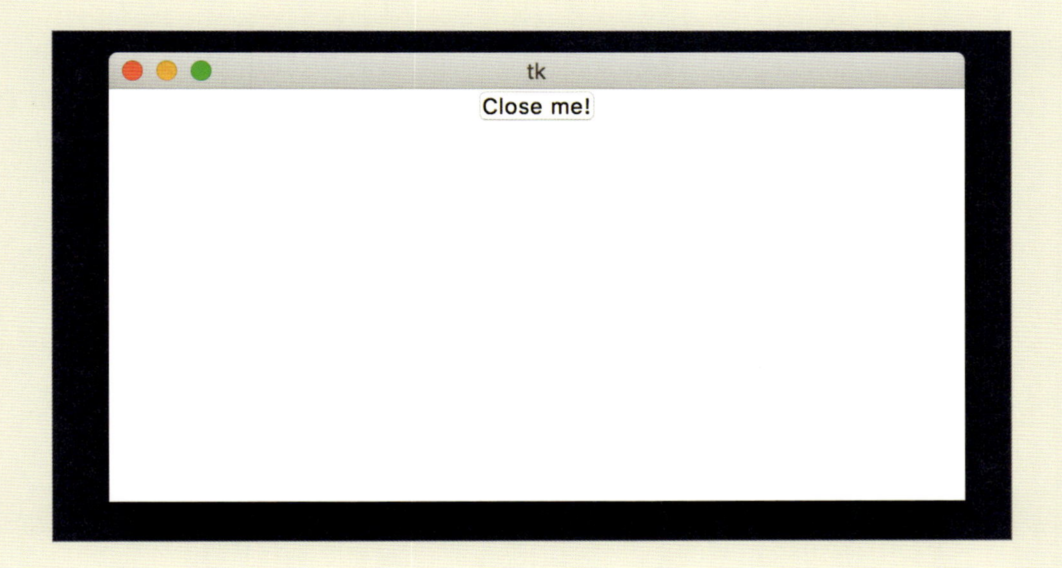

ボタンを押すことで、ウィンドウが閉じたと思います。

16-6 しんせつなPython

もう一つボタンを配置しよう

閉じるボタンだけだとつまらないので、もう一つボタンを配置しましょう。配置するボタンを押すと、Windowsであれば コマンドプロンプト、Macであればターミナルに Hello! と表示するような機能を持たせます。

main.pyは以下のように書き換えました。

コード

```
from Tkinter import Tk, Button

my_window = Tk()

# window close
def window_close():
    my_window.quit()

# print Hello
def say_hello():
    print "Hello!"

# buttons
my_button = Button(master=my_window, text="Close me!", command=window_close)
my_button.pack()

hello_button = Button(master=my_window, text="Say Hello", command=say_hello)
hello_button.pack()



# window size
my_window.geometry("500x250")

my_window.mainloop()
```

say_hello()関数をつくり、hello_buttonにその機能を持たせ、my_windowに配置しました。

実行すると、次のようなウィンドウが出てきます。

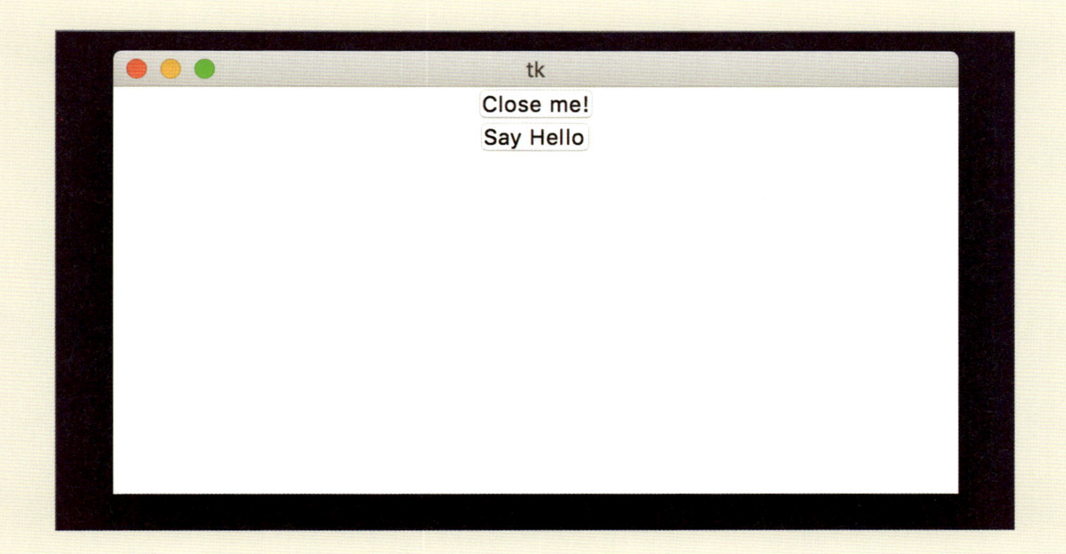

Say Helloボタンを押す度にprint "Hello!"が実行され、次のような結果がえられます。

実行結果

```
$ python main.py
Hello!
Hello!
Hello!
Hello!
Hello!
Hello!
Hello!
```

Hello!がボタンを押した数だけ表示されます。

16 - 7 しんせつなPython

テキストを入力するボックスを作ろう

テキストを入力するボックス（テキストボックス）を作りましょう。main.pyを以下のように書き換えます。

```
from Tkinter import Tk, Button, Entry

my_window = Tk()

# window close
def window_close():
    my_window.quit()

# print Hello
def say_hello():
    print "Hello!"

# buttons
my_button = Button(master=my_window, text="Close me!", command=window_close)
my_button.pack()

hello_button = Button(master=my_window, text="Say Hello", command=say_hello)
hello_button.pack()

# box
TextBox = Entry(master=my_window)
TextBox.pack()

# window size
my_window.geometry("500x250")

my_window.mainloop()
```

テキストボックスを表示するためにEntryクラスをimportしています。#boxコメント以下にあるように、TextBox = Entry(master=my_window)でボックスのインスタンスを作成し、TextBox.pack()で配置しています。

実行すると、次のようなウィンドウが表示されます。

普段よく目にするテキストボックスと同じように、ボックス内には文字を入力することができます。

16 - 8 しんせつなPython

ラベルを作成する

ウィンドウの構成要素としてボタン、テキストボックスといえば、次に来るのはラベルです。ラベルというとピンとこないかもしれませんが、テキストボックスの横に「パスワード」などが書かれているのを見たことがあると思います。あれがラベルです。

ラベルを一つ追加してみましょう。main.pyは以下のように書き換えられます。

コード

```
from Tkinter import Tk, Button, Entry, Label

my_window = Tk()

# window close
def window_close():
    my_window.quit()

# print Hello
def say_hello():
    print "Hello!"

# buttons
my_button = Button(master=my_window, text="Close me!", command=window_close)
my_button.pack()

hello_button = Button(master=my_window, text="Say Hello", command=say_hello)
hello_button.pack()

# box
TextBox = Entry()
TextBox.pack()
```

```
# label
my_label = Label(master=my_window, text="This is Label")
my_label.pack()

# window size
my_window.geometry("500x250")

my_window.mainloop()
```

1行目でTkinterから、Labelをimportしています。さらに、# labelコメント以下の1行を追加しています。my_label = Label(master=my_window, text="This is Label")と書かれた行で、my_labelインスタンスを作成しています。

実行すると以下のようなウィンドウが表れます。This is Labelと書かれたラベルが配置されているのが分かります。

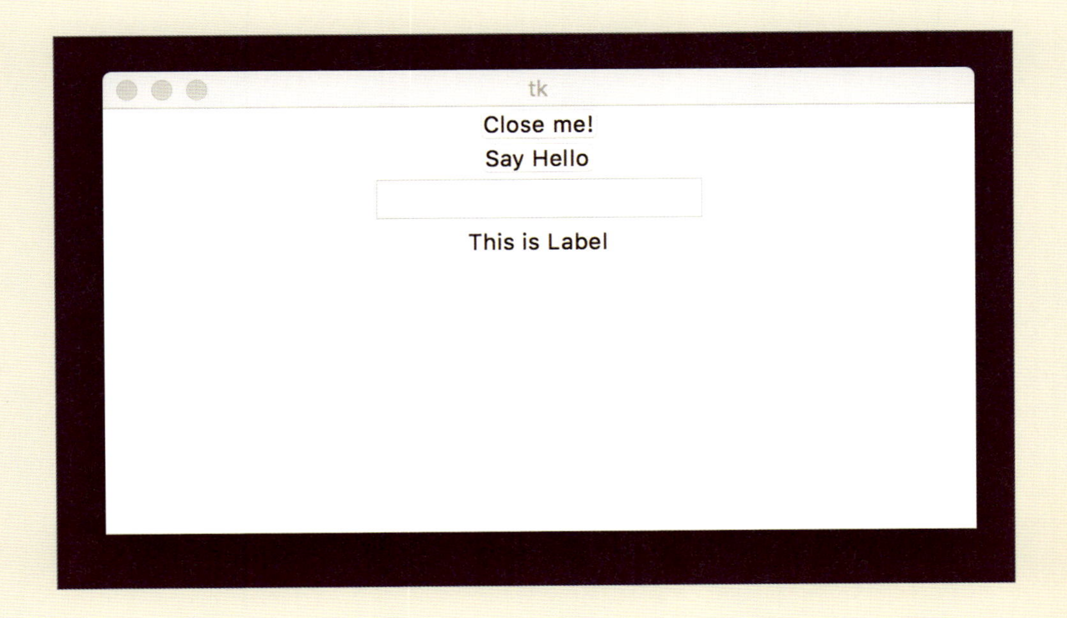

ウィンドウに関する基本的な練習は以上です。あとはボタンの機能を変更したり、

配置を変更するなどしてウィンドウを使ったユーザーインターフェイスを提供することができます。

練習問題

Tkinterから多くのクラスをimportしました。Tkinterに含まれる全てのオブジェクトをインポートするfrom Tkinter import *としても同じ結果が得られることを確認しましょう。

練習問題

ウィンドウに表示する文字は全て英語としましたが、日本語ももちろん表示できます。ラベル名などを日本語に変更してみましょう。1行目に# coding: utf-8をつけるのを忘れずに。

ラムダ式

リストをシンプルに表示するのがリスト内包表記でしたが、関数にも同じようにシンプルな表記があります。それがラムダ式です。

ラムダは英語で lambda といいます。ギリシア文字ですと、λになります。真ん中にある b は発音しません。「ランブダ」と発音すると、ちょっぴり恥ずかしいので注意してください。

さて、ラムダ式と使うと関数を一行で表現できるようになります。例としてある値を3倍にして返す関数を作ります。これまで学んだ関数だと`def`を用いて以下のように作ることができました。

```
>>> def sanbai(i):
...     return i*3
...
>>> sanbai(5)
15
```

`lambda`の練習をする前に、今作った関数を削除しておきましょう。削除する場合は`del`を用います。削除した上で、念のため関数が消えていることを確認します。もちろん、同じ名前で関数を作れば勝手に上書きされるので、この操作は無理に行わなくても結構です。気持ちの問題です。

```
>>> del sanbai
>>> sanbai(5)
Traceback (most recent call last):
  File "<stdin>", line 1, in <module>
NameError: name 'sanbai' is not defined
```

うまく消えているようです。それではいよいよlambdaで関数を作ってみましょう。

```
>>> sanbai = lambda x : x*3
>>> sanbai(5)
15
```

関数名であるsanbaiがイコールの左側にあります。その右側にlambdaが書かれています。lambdaの右側に置かれているxは引数になります。続いてコロン(:)を挟んで書かれている x*3がreturnされる内容となります。コロンの前後にスペースを入れていますが、スペースは無くても問題ありません。

すこしイジワルな関数を作ってみましょう。引数を無視して常に 100 を返す関数hyaku()はこのように書けます。

```
>>> hyaku = lambda x: 100
>>> hyaku(5)
100
>>> hyaku(50)
100
```

returnされる内容が100だけになっているので、何を引数に指定しようが100が返ってきます。

さらに、複数の引数を扱うこともできます。二つの引数iとjを用いて、両者を掛け算した結果を返す関数kakezan()を作ってみます。

```
>>> kakezan = lambda i,j : i*j
>>> kakezan(3,8)
24
```

慣れてきたでしょうか。この使い方だけをみると、「無理にラムダ式を使わなくても、普通に書けばいいじゃないか」と思うかも知れません。そのとおりで、殆どの場合には通常の関数を使った方が楽ですし分かりやすいのです。しかし、通常の関数では代用できずにラムダ式だけを利用できる場面があります。

私はラムダのことを「式」と説明してきましたが、「式」には特別な働きがあります。式は、たとえばリストの要素に指定することができます。次の例をみてみましょう。

```
>>> [lambda x : x*3][0](5)
15
```

要素が一つだけのリストのなかにlambda x : x*3というラムダ式が含まれています。さらに[lambda x : x*3][0]として、そのラムダ式を取り出しています。つまり、ここまでの部分が関数として働きます。そこにさらに引数5を指定することで、関数が実行されて15という結果が返ってきました。ラムダ式の代わりに、ここにdefで始まる関数の定義を書くことはできません。defには最低でも2行が必要です。

ラムダ式をリストに入れる方法は一見複雑なことをやっているようですが、先ほど作ったsanbai()関数をリストに含めると分かりやすくなります。

```
>>> [sanbai][0](5)
15
```

[sanbai][0]で関数sanbaiを取り出しているので、続く(5)とあわせてsanbai(5)を実行していることになります。こうしてみると、とても簡単ですね。

　では、ラムダ式を使ったときと、具体的にsanbai()関数を定義したときの一番の違いは何でしょう？　よーくラムダ式を使った時を見てください。実は、ラムダ式を使うと関数の名前をつける必要がないのです。もちろん、一番はじめの例のようにラムダ式で作った関数に名前をつけることもできます、しかし実際にラムダ式が使われる場合、通常は関数の名前をつけることはありません。

　プログラマーは多くが省エネ主義なので、「一回しか使わない関数に名前をつけるくらいなら、いっそのこと名前をつけないで関数の定義自体に引数を与えたら良いじゃないか」と考えるのでしょう。その結果がラムダ式の誕生です。そのため、ラムダで作られた関数は無名関数と呼ばれることがあります。

　もちろん初心者のうちはラムダ式は使わずに、defで一つずつ関数を定義するのが良いでしょう。

　ちなみに、ラムダは「式」でしたが、defで始まる関数の定義は「文」というものに分類されます。8章で学んだprintも文に分類されましたね。なんだか学校で習う文法のようですが、実際にPythonはプログラミング「言語」の一種です。言語という以上、文法のような約束事があるのがプログラミングです。最初はとっつきにくいと思いますが、たくさんのことを覚えたあとに頭を整理するのに役立ちます。最初は「そんなルールがあるんだ」くらいに考えておいてください。

ローカル変数とグローバル変数

私たちは第５章で変数の使いかたを学習し、第７章で関数を作る練習をするときには、変数を利用してプログラムを分かりやすく書くことができました。

事前に何かを変数に代入しておけば、後で呼び出して活用できるのでとても便利です。一方で、変数を呼び出すときには、一体どの変数を読み込んでいるのか注意が必要なことがあります。

「そんなこといっても、いままで特に困っていないよ」と思われるかもしれませんが、次の例をご覧ください。よろしければ、一緒に対話モードで動かしてみましょう。

```
>>> a = "foo"
>>> def test1():
...     print a
...
>>> test1()
foo
```

関数test1()を実行すると、print aによって、変数aが呼び出されます。aにはすでに"foo"が代入されるので、fooが表示されます。

それでは、関数の中で変数aを改めて定義するとどうでしょう。具体的には次のように作ってみます。一緒に対話モードで実行していただいているかたは、上の例に続けて入力してください。

```
>>> def test2():
...     a = "bar"
...     print a
...
```

関数test2()では、関数の中でaに改めて値を代入しています。この関数を実行すると、print aで何が表示されるでしょう。fooでしょうか？　それともbarでしょうか？

```
>>> test2()
bar
```

結果はbarです。どうでしょう？　正解でしたか？

print aが実行されたときにPythonは変数aを探しにいってくれます。そこで、一番近くで見つかった"bar"を代入してくれました。

「えー、関数の外側の変数を見に行ってほしかった」という場合もあるかもしれませんが、この動きは非常に理にかなっています。なぜなら、関数は再利用されるものだからです。

ある程度複雑な関数を作るようになると、一般的に使われる変数iやjなどを使う機会が出てきます。その関数を再利用するときに、関数内の変数iに関数の外側の値が突然に代入されたらどうでしょうか。私たちが期待している動きとまったく違うことが起こります。

そのようなことを避けるために、Pythonでは関数の中で変数を扱う場合、まずは関数の中から探すことがルールで決まっています。それでも見つからない場合は、関数が書かれている場所、この例ですとa="foo"が書かれている場所まで探しに行ってくれます。そしてさらに見つからない場合は、Pythonにはじめから組み込まれているビルトインと呼ばれる場所が探されます。

この関数の中の変数をローカル変数といい、関数が書かれている場所にある変数をグローバル変数といいます。名前から何となく働きは想像できますが、実際にどうなるかを理解していることが大切です。

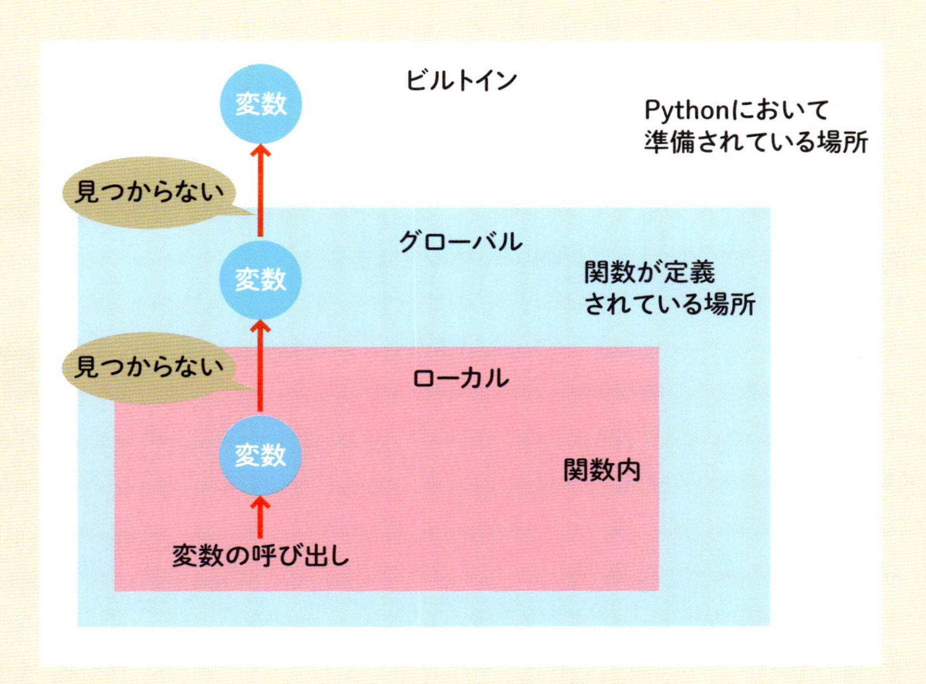

このような動きを踏まえると、関数の中で定義していない変数を含む関数というのは少し危険であることがわかります。ある場面では動くけれども、ほかの場面では予期せぬエラーが発生するような関数はなるべく避けたほうが良いでしょう。関数の外の変数を扱う場合は、引数として明示して使うのが基本です。

上の例にはまだ続きがあります。関数が終了した後に`print a`を実行するとどうなるでしょう。関数の中では`a`に`foo`を代入しました。さて、`foo`が表示されるでしょか？　それとも`bar`でしょうか？

16

```
>>> print a
foo
```

fooでした。関数の中で一度aに代入を行っていますが、その変更は関数の外では反映されないようです。

これも非常に合理的な仕様です。別の誰かが作った関数を拝借して実行したときに、その関数の中で使われているローカル変数が、たまたま自分が使っているグローバル変数と同じ名前のこともあるでしょう。そのときに、勝手に自分のグローバル変数が書き換わっては大変です。そのため、関数の中で同じ名前の変数が変更されても、関数の外には影響が及ばないことになっています。

このように、Pythonでは関数の内と外での変数が干渉しないように、しかし、必要なときには関数の外にあるグローバル変数も探してきてくれるように、よく考えられて設計がされていることが理解できます。プログラミングをしていて、「あれっ？　なんか変数に変な値が入っているな」というときには、このような知識が問題を解く重要な鍵になってきます。

ところで、関数の中の変数を外でも使いたいときにはどうしたらよいでしょう？　そうです。そのようなときは、returnを使って値を返すのです。たくさんプログラミングを学習すると、色々な知識が繋がって楽しくなりますね。

おわりに

ここまでお読みいただきありがとうございます。最後まで書き上げることができ、いまはただほっとしています。

本書を書くにあたって特に心がけたのは、「Pythonでプログラミングを始めたいけれど、プログラミング以外のことも色々つまずいてしまう友人」を想定し、できるだけ丁寧に横にすわって教えるような本にすることでした。

本書のタイトルを「しんせつなPython」としたのはそのような気持ちを込めたかったからです。このタイトルにはもう一つ、「Pythonは親切」という意味が込められています。

Pythonのコードは書きやすく、他の人が書いたコードも読みやすいです。さらにはじめから様々なライブラリが含まれており、自分が望むプログラミングを力強くサポートしてくれます。また世界中には多くのユーザーがいて、日々新たなライブラリが作成・配布されています。そんな「しんせつなPython」をできるだけやさしく、読者の方にご紹介したかったのです。

Pythonに限ったことではありませんが、プログラミングは環境が整っていったん書き始めることができればとても楽しいのですが、本題に入るまでの課題が非常に多く、パソコンに慣れているひとにとっては簡単なことでも、ちょっと始めてみたいというひとにはとても大きなハードルとなります。結果として、本当はプログラミングの世界を楽しめるはずのひとが、その楽しいところに足を踏み入れる前に諦めてプログラミングの学習をやめてしまうことが多いと想像します。

本書ではそのような「小さいことだけれど、最初は絶対乗り越えないといけないハードル」をなるべく小さく小さくして、少しずつステップアップできるようにしました。さらに、プログラミングを始めたばかりの読者の方が飽きることのないように、前半の基本部分の解説は必要最小限にして、興味が持てる後半の応用部分をなるべく増やすように心がけました。もしかしたらそれでも、よくわからないところや面白くないところ、もしくは説明が長すぎて飛ばしてしまったところもあったのかもしれません。それは決して読んでいる読者のかたがが悪いわけではなく、私の工夫が足りなかったからです。ごめんなさい。

もし宜しければ「このあたりがわかりにくかった、つまらない、おもしろかった」程度のことで結構ですので、秀和システムのホームページ（http://www.shuwasystem.co.jp/shosekiq.html）をご参照のうえ、ご意見をお送りください。いただいたご意見を反映して、今後の書籍作りに役立てたいと思います。よろしくお願いいたします。

I wish to thank Mr. Mohammad Mohtashim and Coding Ground (Tutorialspoint) for readily giving me permission to use the screenshot of the website. I also would like to thank Mr. Steve Holden, Mr. David Goodger, and the Python Software Foundation for warmly replying my question about using the Python logo (unfortunately, we did not use it). They kindly responded to the email from a strange Python lover.

記号の入力

プログラミングをするときは、今まで入力したことがない記号を入力することがよくあります。普段入力する記号といえば、せいぜいアットマーク（@）くらいでしょう。「そんなキーあった？」といいたくなるようなキーを入力する必要があります。入力する必要に迫られてから調べても良いのですが、どこになんのキーがあるか、ざっと見ておきましょう。

下に示した図は一般的な109キーボードといわれるものです。日本語のパソコンを使っているかたは、だいたいこの配列でしょう。

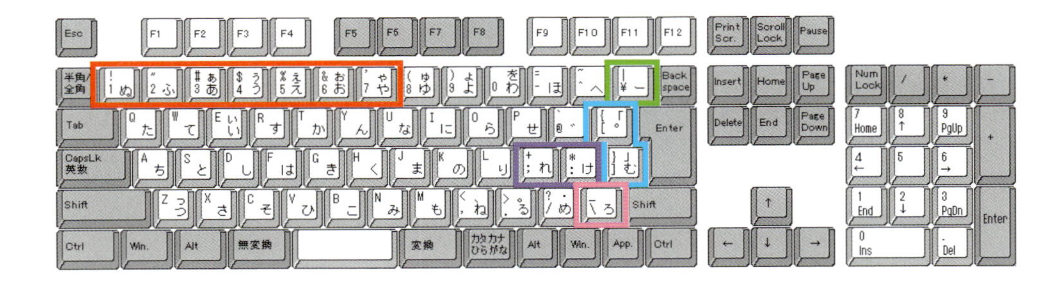

キーボードのキーなんて、まじまじと見たことがないと思います。よく見てみましょう。キートップに色々な記号が刻印されていますね。これは、めったやたらと刻印されているのではなくて、なにをしたときに、どの記号が入力されるかが区別して書かれています。

「!」「“」「#」「$」「%」「’」

左上の方にある「半角/全角」の右隣にある「ぬ」と書かれたキーを見てください。左上に「!」が書かれています。その隣をずっと見ていくと、「“」「#」「$」「%」と記号が並んでいます。

たぶん「!」くらいは記号を入力したことがあると思いますが、これはShiftキー（Shift）を押しながらキーを押すことで入力される記号です。

このことから、「キートップの左上に刻印されているキーは、Shiftキーと組み合わせて入力できるんだな」ということがわかります。

たとえば、「2」と「7」キーの左上にある「”」と「’」は、Pythonでは文字列を作るときに使用します。

「{」

さらに、括弧が刻印されているのキーの左上には「{」というPythonでディクショナリ型で使うような記号がかかれています。この記号は波括弧、あるいはブレースと呼ばれます。

「_」

右下にある「ろ」が刻印されたキーの左下にはアンダーバー「_」があります。普段の文章では使いませんが、Pythonではmy_fileのように変数名を分かりやすくするときによく使います。

「；」「：」

括弧の刻印の左側にはセミコロン「；」とコロン「：」があります。セミコロン「；」はPythonではあまり使いませんが、Windowsの方はセットアップでちょっとだけ使います。コロン「：」は入力したことがあると思います。

「＼」と「¥」

バックスラッシュ（＼）は右上にある「¥」を入力することで表示されます。Windowsの場合は、バックスラッシュが「¥」として表示されることがあります。

リスト内包表記

本書の第9章ではrange()関数を用いて簡単に長いリストを作成することを覚えました。Pythonにはそれ以外にも簡単に長いリストを作る方法があります。

それはリスト内包表記と呼ばれる方法です。内包表記などという聞いたこともない用語がでてきて、驚かれたかもしれません。

とりあえず実際に一つ簡単な例を見てみましょう。Pythonを対話モードで起動してください。

徐々にステップアップして確認していきましょう。まずは、range()のおさらいからです。

```
>>> range(5)
[0, 1, 2, 3, 4]
```

range()を使うことで、簡単にリストが作れるのでしたね。変数iを用いて、一つずつ取り出してみましょう。

```
>>> for i in range(5):
...     i
...
0
1
2
3
4
```

変数iにリストの内容が順番に代入されて表示されているのがわかります。

つぎに、リスト内包表記です。

```
>>> [i for i in range(5)]
[0, 1, 2, 3, 4]
```

ちょっと見たことがない形で驚くかも知れませんが、for i in range(5)の直前にiを持ってきたと考えていただければ良いかと思います。

これだけならrange(5)と同じ結果になりますが、forの直前にもってくるiに変化を加えることで様々なリストを作ることができます。

```
>>> [i*5 for i in range(5)]
[0, 5, 10, 15, 20]
```

iを5倍した値をリストに入れることができました。

forの直前にはiが必須というわけではありません。iが含まれない例を見てみましょう。

```
>>> ["foo" for i in range(5)]
['foo', 'foo', 'foo', 'foo', 'foo']
```

これは、以下のforループで得られる値を一つずつリストの要素として入れた結果になります。

```
>>> for i in range(5):
...     "foo"
...
'foo'
'foo'
'foo'
'foo'
'foo'
```

だんだん分かってきたでしょうか。forループのところがよく理解できていれば、リスト内包表記は結構簡単だと思います。

ちなみに例で登場したfoo（フー）というのに特別な意味はありません。プログラミングについてインターネットを調べていると、「この場所は何か具体的なものを入れます」という場所にサンプルとしてfooが入っていることがあります。本書ではHelloなどをよく使っていました。今後色々と調べていくうちにbar（バー）やhoge（ホゲ）などを見かけることがあると思いますが、特にその名前に意味はありません。

リスト内包表記には、さらにifを組み合わせることができます。

```
>>> [i for i in range(5) if i%2==0]
[0, 2, 4]
```

最後に唐突にifを加えることで、２で割ったときに0になる値だけを表示しています。

これは以下のifを含むforループの結果を要素として含むリストになります。

```
>>> for i in range(5):
...     if i%2==0:
...         i
...
0
2
4
```

これまでは「最後にコロン（:）をつけましょう」とか、「インデントをしましょう」など色々とルールをつけていましたが、リスト内包表記はズバッと一行で書いてしまうことができ、なかなか爽快です。

実はelseなどとも組み合わせることができるのですが、あまり複雑なものを作ると、あとで自分が見たときにも何を意味しているのか分からなくなります。そのため、比較的単純なものにとどめて使用するのが良いでしょう。

Index しんせつなPython

さくいん

●記号

●アルファベット

◉かな

著者プロフィール

とおやま ただし

約1978年生まれ。つよしの兄で金沢在住。つよしからPythonを教えてもらってプログラミングの楽しさに目覚め、仕事でも使っている。
趣味は休日のたこ焼き作り。飼っている猫がなぜかパソコンの前に座るのが最近の悩み。

とおやま つよし

約1981年生まれ。ただしの弟で横浜在住。大学生時代にPythonに出会い、その書きやすさ・読みやすさに感動し、ただしにPythonを教えた。
趣味はDTM（デスクトップミュージック）による作曲、ギター。頻繁に海外に行くが、帰国後の時差ぼけがなおらないのが最近の悩み。

イラスト：いらすとや　http://www.irasutoya.com/

しんせつなPython プログラミング超初心者が初心者になるための本

発行日　2016年 10月　1日　　第1版第1刷

著　者　とおやま　だだし／とおやま　つよし

発行者　斉藤　和邦
発行所　株式会社　秀和システム
〒104-0045
東京都中央区築地2丁目1−17　陽光築地ビル4階
Tel 03-6264-3105(販売)　Fax 03-6264-3094
印刷所　図書印刷株式会社

ISBN978-4-7980-4805-5 C3055

定価はカバーに表示してあります。
乱丁本・落丁本はお取りかえいたします。
本書に関するご質問については、ご質問の内容と住所、氏名、電話番号を明記のうえ、当社編集部宛FAXまたは書面にてお送りください。お電話によるご質問は受け付けておりませんのであらかじめご了承ください。